Weiterführend empfehlen wir:

Ihre Antrittsrede als Chef
ISBN 978-3-8029-3849-8

Führungskompetenz
ISBN 978-3-8029-3369-1

Führungs-Kraft
ISBN 978-3-8029-3919-8

Warum Mitarbeiter nicht tun, was sie tun sollten
ISBN 978-3-8029-3364-6

Geschäftsbriefe geschickt formulieren
ISBN 978-3-8029-3912-9

Musterreaktionen auf mündliche Angriffe
ISBN 978-3-8029-3980-8

Weitere Titel unter: www.WALHALLA.de

Wir freuen uns über Ihr Interesse an diesem Buch. Gerne stellen wir Ihnen zusätzliche Informationen zu diesem Programmsegment zur Verfügung.

Bitte sprechen Sie uns an:

E-Mail: WALHALLA@WALHALLA.de
http://www.WALHALLA.de

Walhalla Fachverlag · Haus an der Eisernen Brücke · 93042 Regensburg
Telefon 0941 5684-0 · Telefax 0941 5684-111

Hans-Jürgen Kratz

Chef-Checkliste

Mitarbeiter-

führung

101 wichtige Regeln

10., aktualisierte Auflage

Bibliografische Information der Deutschen Nationalbibliothek
Die Deutsche Nationalbibliothek verzeichnet diese Publikation in der Deutschen National-
bibliografie; detaillierte bibliografische Daten sind im Internet über http://dnb.dnb.de abrufbar.

Zitiervorschlag:
Hans-Jürgen Kratz, Chef-Checkliste Mitarbeiterführung
Walhalla Fachverlag, Regensburg 2014

10., aktualisierte Auflage

Produktion: Walhalla Fachverlag, 93042 Regensburg
Umschlaggestaltung: grubergrafik, Augsburg
Druck und Bindung: Westermann Druck Zwickau GmbH
Printed in Germany
ISBN 978-3-8029-3268-7

WIN-WDZ-0414-5949-0

Schnellübersicht

Mitarbeiter erfolgreich führen

Je mehr Mitarbeiter Ihnen anvertraut sind, umso höhere Anforderungen werden an Ihre Fähigkeiten gestellt, Mitarbeiter richtig zu behandeln und mit ihnen die anvisierten Ziele bestmöglich zu erreichen. Sicherlich verfügen Sie über das erforderliche fachliche Know-how für Ihre herausgehobene Tätigkeit. Besitzen Sie aber auch das notwendige Wissen, um Ihre Mitarbeiter erfolgreich zu führen?

In den letzten Jahren wurden zwar Themen der Mitarbeiterführung verstärkt in Lehrpläne aufgenommen, jedoch blieb es hierbei häufig nur bei trockenen und theoretischen Ausführungen, so dass kein großes Interesse aufkam, sich mit der Materie intensiv zu beschäftigen. Daher verwundert nicht, dass viele Vorgesetzte dem wichtigen Führungswissen nur ein geringes Maß an Aufmerksamkeit schenken, obwohl eine Unzahl täglicher Konflikte ihre Ursache in der unzulänglichen Führungskompetenz von Vorgesetzten hat.

Diese Chef-Checkliste ist eine Zeit sparende und auf den Punkt kommende Orientierungshilfe, der Sie Vorschläge für Ihre Vorgehensweise entnehmen können, um Führungsfehler zu vermeiden und Defizite in Ihrem Führungsverhalten rechtzeitig zu erkennen sowie gezielt abzubauen.

Die Leserinnen werden um Verständnis gebeten, dass wegen der besseren Lesbarkeit nur die männliche Form gewählt wurde.

Hans-Jürgen Kratz
www.personaltraining-kratz.de

Sie sind der neue Vorgesetzte

2

Gratulation, Sie haben es geschafft. Sie werden demnächst Chef oder sind es bereits. Nun gilt es, die Ärmel hochzukrempeln und Ihrer Umgebung zu beweisen, dass Sie zu Recht Führungsverantwortung übernehmen werden oder schon tragen.

2

Mit Hilfe folgender Checkliste sollten Sie alle wichtigen Punkte in der Vorbereitungs- und Anfangsphase abarbeiten.

Checkliste 1

Erleichtern Sie sich Ihren Einstieg in die neue Führungsrolle
■ Ich werde die aktuelle Stellenbeschreibung für meine Position auswerten, damit keine Zweifel über die mir obliegenden Aufgaben, Kompetenzen und Verantwortlichkeiten aufkommen.
■ Sollte ich mir zusätzliches fachliches Know-how aneignen, um den Anforderungen der neuen Stelle in vollem Umfang gerecht werden zu können? Wenn ja, auf welchem Weg?
■ Mit welchen Besonderheiten im neuen Wirkungsbereich werde ich mich näher auseinandersetzen?
■ Ich werde mich mit der Organisationsstruktur des Unternehmens und meines Arbeitsbereiches beschäftigen.
■ Gibt es Teilnahmemöglichkeiten an betrieblichen Einführungsveranstaltungen oder Betriebsbesichtigungen, kann ich vorhandene Einführungsschriften auswerten?
■ Welche mir neuen Sicherheitsbestimmungen sind zu beachten?
■ Gibt es eine Unternehmensphilosophie, gibt es Führungsgrundsätze, gibt es eine Betriebsordnung?
■ Welche betrieblichen Ziele sind von meinem Zuständigkeitsbereich zu erreichen?
■ Ich muss den neuen Mitarbeitern, den Kollegen und sonstigen wichtigen Ansprechpartnern vorgestellt werden.
■ Ich werde Stellenbeschreibungen sowie aktuelle Zielvereinbarungen meiner Mitarbeiter durchsehen.

Fortsetzung: Erleichtern Sie sich Ihren Einstieg in die neue Führungsrolle

■ Mit welchen Betriebsstellen sollte ich demnächst Kontakt aufnehmen?

■ Mit meinen Mitarbeitern werde ich bald nach der Antrittsrede (siehe Checkliste 2) vertrauensvolle Einzelgespräche zum besseren Kennenlernen führen (siehe Checkliste 3).

■ Sind neue Schwerpunkte zu setzen und modifizierte Ziele mit den Mitarbeitern zu vereinbaren?

■ Ist der Informationsfluss ausreichend, so dass ich die erforderlichen Informationen für mein Aufgabengebiet rechtzeitig erhalte?

■ Sind bestimmte Gruppennormen zu beachten, sind informelle Gruppen erkennbar, gibt es möglicherweise eine informelle Führung (siehe Checkliste 46)?

■ Welche als notwendig erkannten Änderungen müssen vorrangig, aber ohne Hektik realisiert werden (siehe Checkliste 72)?

■ Ist mein Arbeitsplatz optimal organisiert? Muss ich bald delegieren (siehe Kapitel 5)?

Ihr Einstieg als Vorgesetzter soll Ihrem Team eine neue Dynamik geben und mit einem gemeinsamen Aufbruch zu neuen Zielen verbunden sein. Da sich diese Ziele nicht von selbst realisieren, geben Sie mit einer kleinen maßgeschneiderten Rede den Startschuss. Damit stellen Sie von Beginn an (allerdings ohne Übertreibungen) dar, dass Sie der Chef sind und machen damit schnell und nachhaltig Eindruck. Ihre klaren Ansagen erleichtern allen Beteiligten die Orientierung und geben Auskunft, was vorgesehen ist und wie diese Vorhaben durchgesetzt werden sollen.

Wählen Sie aus der folgenden Checkliste jene Bausteine aus, die Ihnen besonders wichtig sind und legen Sie auch fest, welche Punkte in Ihre Antrittsrede aufgenommen werden sollen oder bei einer späteren Gelegenheit anzusprechen sind.

Checkliste 2

2

Bausteine für Ihre Antrittsrede			
	Wichtig	Sofort	Später
■ Persönliche Vorstellung	☐	☐	☐
■ Führungsstil, den Sie praktizieren möchten	☐	☐	☐
■ Vertrauen für die Zukunft schaffen	☐	☐	☐
■ Unterstützung bei der Fortbildung der Mitarbeiter	☐	☐	☐
■ Bemühen, alle Mitarbeiter gleich zu behandeln	☐	☐	☐
■ Bei abweichenden Auffassungen nach bester Lösung suchen	☐	☐	☐
■ Absicht, Mitarbeiter häufig in Entscheidungen einzubeziehen	☐	☐	☐
■ Angst vor Veränderungen abbauen	☐	☐	☐
■ Wichtigkeit guter Informationsflüsse	☐	☐	☐
■ Feste Zeiten für Mitarbeiter- besprechungen festlegen	☐	☐	☐
■ Notwendigkeit sachorientierter Kontrollen	☐	☐	☐
■ Anerkennung bei guten Leistungen	☐	☐	☐
■ Kritik in konstruktiver und fairer Form	☐	☐	☐
■ Sachliche Kritik am Vorgesetzten erwünscht	☐	☐	☐
■ Effiziente Nutzung der Arbeitszeit	☐	☐	☐
■ Kein Aufschieben von Arbeiten	☐	☐	☐
■ Eigene Ansprechbarkeit	☐	☐	☐
■ Umgang mit Konflikten und Mobbing	☐	☐	☐
■ Gravierende persönliche Probleme der Mitarbeiter	☐	☐	☐
■ Rückkehr-/Willkommensgespräche nach längerer Abwesenheit	☐	☐	☐
■ Hinweis auf folgende individuelle Kennenlerngespräche	☐	☐	☐

Wollen Sie mit jedem Ihrer Mitarbeiter näher bekannt werden, sich einen ersten Eindruck von seinen Stärken und Schwächen verschaffen und vielfältige Informationen einholen, führen Sie zeitnah gut vorbereitete, individuelle Kennenlerngespräche (vorher Stellenbeschreibung, Zielvereinbarung u. Ä. auswerten, um als kompetenter Vorgesetzter einen positiven Eindruck zu machen).

2

Checkliste 3

Mögliche Fragen für Ihre individuellen Kennenlerngespräche

- Welche Aufgaben, Kompetenzen und Verantwortlichkeiten obliegen Ihnen?

- Welche Projekte haben Sie mit welchen Ergebnissen durchgeführt?

- Wo lagen aus Ihrer Sicht die Erfolge und Misserfolge in der bisherigen Arbeit?

- Wie weit sind Sie bei der Realisierung vereinbarter Ziele gekommen?

- Wo sehen Sie Ihre Stärken und Ihre Schwächen?

- Wie schätzen Sie die Stärken und Schwächen des Teams ein?

- Wo erkennen Sie gegenwärtige und künftige Engpässe?

- Wo sehen Sie insgesamt einen baldigen Handlungsbedarf?

- Wer sind Ihre wichtigsten Kunden und Ansprechpartner? Und wie stellt sich mit diesen die Zusammenarbeit dar?

- Wo sehen Sie bei sich selbst Entwicklungsbedarf?

- Was erwarten Sie von mir, Ihrem neuen Vorgesetzten?

- Wo sehen Sie Problemfälle, über die wir bisher noch nicht gesprochen haben?

An dieser Stelle bietet es sich an, noch vorhandene Informationslücken aus der Checkliste 1 mit Hilfe entsprechender zusätzlicher Fragen zu schließen.

Sie wurden befördert: Gestern noch Kollege, heute Vorgesetzter. Dieser Rollenwechsel „über Nacht" kann Probleme aufwerfen.

2

Checkliste 4

Bisher Kollege – jetzt Vorgesetzter

Führungswissen
Übernehmen Sie erstmalig eine Führungsfunktion, wird es jetzt höchste Zeit, sich unverzüglich das erforderliche Führungswissen anzueignen. Bedenken Sie, dass ein guter Facharbeiter ohne das benötigte Handwerkszeug auch nur unzulänglich tätig sein kann.

Sympathie und Antipathie
Das bisherige Gruppenklima mit Sympathie- und Antipathiebeziehungen kann sich mit Ihrer Beförderung verändern. So wird sich das Gruppengefüge wandeln, wenn beispielsweise ein Kollege Hoffnung auf Ihren jetzigen Posten hegte und nunmehr verbittert und argwöhnisch Ihr Tun beobachtet. Mancher Ex-Kollege neidet dem neuen Vorgesetzten den mit einem höheren Einkommen und zusätzlichen Statussymbolen verbundenen Aufstieg, nimmt demgegenüber aber nicht die gestiegene Verantwortung und die hiermit oft verbundene Mehrarbeit zur Kenntnis.

Vorgesetztenrolle
Schaffen Sie klare Verhältnisse, indem Sie den Ex-Kollegen sofort in eindeutiger Form die veränderte Situation darstellen: „Mit meiner Beförderung bin ich dafür verantwortlich, dass unsere Arbeitsgruppe gute Arbeit leistet. Ich bin sicher, dass auch unter veränderten Bedingungen jeder weiterhin seinen Pflichten nachkommt. Ich erwarte darüber hinaus von Ihnen eine gute Zusammenarbeit, damit wir zum Erfolg unseres Betriebes auch künftig beitragen können."

Konfliktsituationen
Sie sollten nicht überrascht sein, wenn nach Ihrer Beförderung zum Vorgesetzten Konflikte auftreten. Mancher Ex-Kollege wird in die „innere Emigration" gehen, wenn er plötzlich von Ihnen kontrolliert und kritisiert wird oder von Ihnen erteilte Anweisungen ausführen soll. Verdrängen Sie Konflikte nicht, sondern

Fortsetzung: Bisher Kollege – jetzt Vorgesetzter

sprechen Sie offen mit Ihren Ex-Kollegen hierüber, wobei Ihre Mitarbeiter ihre Wünsche, Vorstellungen und Ziele darstellen sollten.

2

Kontrollaufgabe

Es darf Ihnen nicht unangenehm sein, bei Ihren Ex-Kollegen anstehende Entscheidungen durchzusetzen oder Ihrer Kontrollaufgabe nachzukommen. Als Vorgesetzter besitzen Sie Weisungsbefugnis/Direktionsrecht und legen damit

- die jeweils konkret zu leistende Arbeit,
- den Zeitpunkt und die Reihenfolge der Erledigung,
- die Art und Weise der Erledigung und
- die arbeitsbegleitende Ordnung

fest. „Um des lieben Friedens willen" werden Sie bei Ihren Mitarbeitern, die Ihnen in langjähriger kollegialer Zusammenarbeit „ans Herz gewachsen sind", auch keine Nachlässigkeiten dulden. Zeigen Sie Nachgiebigkeit, werden zu bemängelnde Verhaltensweisen schnell zu Gewohnheiten, die sich später nur unter großem Kraftaufwand revidieren lassen.

Autorität

Boykottiert ein Ex-Kollege die Zusammenarbeit mit Ihnen, sprechen Sie ihn unverzüglich auf sein nicht hinnehmbares Verhalten an: „Ich gehe davon aus, dass Sie auch künftig Ihren arbeitsvertraglichen Pflichten in bester Weise nachkommen werden. Hierzu ist es unumgänglich, dass zwischen uns beiden eine gute Zusammenarbeit besteht. Ich bin dazu gern bereit, erwarte von Ihnen aber auch ein kooperatives Verhalten." Würden Sie einen Opponenten gewähren lassen, hätte dies für manchen anderen Beispielcharakter und würde einen sich verstärkenden Autoritätsabbau zur Folge haben (Wehret den Anfängen!).

Überheblichkeit

Es bleibt bei der unmittelbaren Zusammenarbeit beim bisherigen Duzen. Ein Verweisen der Ex-Kollegen auf das nun von Ihnen gewünschte „Sie" würde eine Betonung der Amtsautorität bedeuten und von Mitarbeitern als von Ihnen aufgebaute künstliche Distanz gewertet. Halten Sie es für sinnvoll, zum „Sie" zurückzukehren, verdeutlichen Sie dies in einem offenen Gespräch, indem Sie auch Ihre Gründe für die neue Regelung erläutern.

2

Fortsetzung: Bisher Kollege – jetzt Vorgesetzter

Zurückhaltung
Rechtfertigen Sie Ihre Beförderung zum Vorgesetzten nicht dadurch, dass Sie sofort „den ganzen Laden völlig umkrempeln" und Mitarbeiter in große Verwirrung und Bedrängnis versetzen. Da neue Besen nicht immer gut kehren, werden Sie zunächst Ihre Stellung als Vorgesetzter festigen und anschließend Change-Management (siehe Checkliste 72) betreiben.

Erfolgreiche Mitarbeiterführung setzt vor allem die persönliche Autorität des Vorgesetzten voraus. Diese wird dem Vorgesetzten von seinen Mitarbeitern aufgrund seiner Persönlichkeit zuerkannt.

Checkliste 5

Steigern Sie Ihre persönliche Autorität		
	Trifft im Regelfall zu	Hier sollte ich mein Verhalten ändern
■ Betrachten und behandeln Sie Ihre Mitarbeiter ohne Vorurteile und Überheblichkeit als Partner, die Sie aktiv am Willensbildungsprozess im Rahmen ihrer Fähigkeiten, ihres Wissens und ihrer Erfahrung mitwirken lassen?	☐	☐
■ Zeigen Sie eine ausgeprägte Kommunikationsbereitschaft?	☐	☐
■ Sind Sie im persönlichen Verhalten Vorbild für die Mitarbeiter?	☐	☐
■ Beweisen Sie ein gesundes Selbstvertrauen, indem Sie schwierigen Situationen mit Gelassenheit begegnen, den Mut zum Entscheiden besitzen und auch bereit sind, eigene Fehler einzugestehen?	☐	☐

2

Fortsetzung: Steigern Sie Ihre persönliche Autorität

	Trifft im Regelfall zu	Hier sollte ich mein Verhalten ändern
■ Ermöglichen Sie Ihren Mitarbeitern durch die Delegation von Aufgaben, Kompetenzen und Verantwortung ein großes Maß an Selbstständigkeit?	☐	☐
■ Zeigen Sie ein konstruktives Kontrollverhalten und setzen Sie die Führungsmittel Anerkennung und Kritik situationsgerecht und aufbauend ein?	☐	☐
■ Zeigen Sie das richtige Maß an Führungswillen? Das Führen am „langen Zügel" wird oft als Führungsschwäche gewertet, ein zu starker Führungswille geht häufig mit Druck einher.	☐	☐
■ Bringen Sie Ihren Mitarbeitern Vertrauen entgegen, welches die Basis für jede erfolgreiche Zusammenarbeit ist?	☐	☐

Auf keinen Fall darf fehlende persönliche Autorität durch gelegentlich in der Praxis erkennbare „Überlebensstrategien" ersetzt werden, so zum Beispiel durch:

■ Betonung des Befehlscharakters einer Weisung

■ betont kollegiales bis anbiederndes Verhalten

■ künstliche Distanz

■ intrigenhaftes Ausspielen der Mitarbeiter untereinander

■ Zurückhalten von Informationen

In dem Maß, in dem Sie Ihren Mitarbeitern Vertrauen (= Treibstoff, der die soziale Welt am Laufen hält) entgegenbringen, werden Sie das Vertrauen der Mitarbeiter in Sie aktivieren und erhal-

2

ten. Dann sind Sie nicht mehr genötigt, Macht einzusetzen und Druck auszuüben, um Ihren Weisungen Verbindlichkeit zu verleihen. Wollen Sie das Vertrauen Ihrer Mitarbeiter dauerhaft gewinnen, beachten Sie einige Verhaltensweisen:

Checkliste 6

Vertrauensbildendes Verhalten des Vorgesetzten

- Bemühen Sie sich um eine offene und verständnisvolle Kommunikation.
- Vermeiden Sie „faule Ausreden".
- Verzichten Sie darauf, Mitarbeiter zu manipulieren.
- Steuern Sie einen klaren Kurs.
- Vermeiden Sie, Mitarbeiter ohne Not unter Druck zu setzen.
- Fördern Sie Ihre Mitarbeiter.
- Behalten Sie Vertrauliches für sich.
- Üben Sie eine Vorbildfunktion aus.
- Stellen Sie sich vor Ihre Mitarbeiter.
- Gehen Sie souverän mit Kritik um, die Mitarbeiter an Ihnen üben.
- Übernehmen Sie bei ernsthaften Konflikten zwischen Mitarbeitern die Rolle des neutralen Schlichters.
- Reklamieren Sie positive Arbeitsergebnisse oder Vorschläge Ihrer Mitarbeiter nicht für sich.

Checkliste 7

Verbessern Sie Ihre Beziehungen zu Ihren Mitarbeitern

- Sie achten darauf, dass Arbeitsplätze mit den passenden Mitarbeitern besetzt werden – siehe Kapitel 11.
- Sie sorgen für eine überlegte, sinnvolle und systematische Einführung neuer Mitarbeiter – siehe Checkliste 98.

Fortsetzung: Verbessern Sie Ihre Beziehungen zu Ihren Mitarbeitern

- Sie geben Mitarbeitern Informationen, die sowohl ihrem objektiven Informationsbedarf als auch dem subjektiven Informationsbedürfnis Rechnung tragen – siehe Checkliste 16.

- Sie achten auf eine Erfolg versprechende Zusammensetzung Ihrer Arbeitsgruppe – siehe Checkliste 44 – und betreiben Gruppenpflege – siehe Checkliste 47, um die Vorteile der Gruppenarbeit zu nutzen – siehe Checkliste 42.

- Sie richten Ihr Augenmerk auf eine hohe Motivation Ihrer Mitarbeiter – siehe Kapitel 4, indem Sie unbefriedigte Bedürfnisse erkennen und diese im Rahmen des Machbaren zu erfüllen versuchen.

- Sie delegieren Aufgaben, Kompetenzen und Verantwortung an Mitarbeiter, welche die Delegation bei richtiger Handhabung als Vertrauensbeweis empfinden – siehe Kapitel 5.

- Sie sind stets bereit, bei Auftreten sachlicher oder persönlicher Probleme Mitarbeitergespräche zu führen – siehe Checkliste 20.

- Sie vermeiden strikt, Ihre Mitarbeiter zu manipulieren – siehe Checkliste 27.

- Sie betrachten Kontrolle stets als Führungsaufgabe, die bessere Arbeitsergebnisse zum Ziel hat und praktizieren ein entsprechendes Kontrollverhalten – siehe Checkliste 73.

- Sie bemühen sich um ein gutes Betriebsklima, in welchem Mobbing-Aktivitäten keinen Platz haben – siehe Checkliste 65.

- Sie denken daran, dass Anerkennung ein lebenswichtiges Vitamin darstellt – siehe Checkliste 82.

- Sie üben konstruktiv Kritik, die aufbaut und das zwischenmenschliche Klima nicht vergiftet – siehe Checkliste 79.

- Sie erteilen präzise, eindeutige, kurze und durchdachte Anweisungen – siehe Checkliste 30.

- Sie bemühen sich, auftretende Konflikte „sozialverträglich" zu lösen – siehe Checkliste 59.

- Sie achten auf Signale der inneren Kündigung und steuern rechtzeitig gegen – siehe Checkliste 61.

2

Fortsetzung: Verbessern Sie Ihre Beziehungen zu Ihren Mitarbeitern

- Sie vereinbaren gemeinsam mit Ihren Mitarbeitern realistische und herausfordernde Ziele – siehe Checkliste 13.

- Sie sind daran interessiert, die Meinungen, das Wissen und die Erfahrung Ihrer Mitarbeiter in Ihre Planungen sowie in die von Ihnen zu treffenden Entscheidungen einzubeziehen – siehe Checkliste 12.

- Sie fördern gezielt Ihre Mitarbeiter – siehe Checkliste 88.

- Sie halten Kontakt zu jedem Ihrer Mitarbeiter und sind auch bereit, sich in die Lage Ihrer Mitarbeiter zu versetzen.

- Sie sprechen jeden Mitarbeiter mit seinem Namen an und beachten stets Ihren Mitarbeitern gegenüber die Regeln der Höflichkeit.

- Sie schätzen und achten die Persönlichkeit Ihrer Mitarbeiter und denken immer an die 4-M-Regel:
  Man muss Menschen mögen!

Mitarbeiterführung ist von mehreren Einflussfaktoren abhängig:

Checkliste 8

Einflussfaktoren auf das Führungsgeschehen

Der Vorgesetzte
Der Führungsprozess wird maßgeblich vom Vorgesetzten geprägt. Von Bedeutung können Fragen sein wie:

- Welche Persönlichkeitsstruktur weist er auf?
- Wie formten ihn Aus- und Fortbildung?
- Welche Erfahrungen bringt er aus früheren Vorgesetztentätigkeiten mit?
- Welcher Art ist das von eigenen Vorgesetzten übernommene Führungsverhalten?

Der Mitarbeiter
Ähnliche Aspekte bestimmen die Einflussnahme der Mitarbeiter auf das Führungsgeschehen:

Fortsetzung: Einflussfaktoren auf das Führungsgeschehen

■ Welchen Ausbildungsstand besitzt der Mitarbeiter?
■ Welchen Führungsstil ist er gewohnt?
■ Welche Lebenseinstellungen prägen sein Verhalten?
■ Wie ist der Umfang seiner materiellen und sozialen Absicherung?

2

Die Gruppe
Zumeist sind einem Vorgesetzten mehrere Mitarbeiter zugeordnet. Mit ihnen bildet er eine Gruppe. Wir wissen, dass sich einzelne Mitarbeiter unter vier Augen anders verhalten als zusammen mit anderen in einer Gruppe. Hier stellen sich die Fragen:

■ Wie groß ist die Gruppe?
■ Welche Struktur weist sie auf (z. B. Alter, Geschlecht der Mitarbeiter)?
■ Existieren innere Konflikte?
■ Ist Gruppendisziplin vorhanden?

Das Ziel
Bei der Aufgabenerfüllung im betrieblichen Bereich ist das Ziel bedeutungsvoll. Daher ist zu untersuchen:

■ Welche kurz-, mittel- und langfristigen Ziele sind zu beachten?
■ Kommt es zu Zielvorgaben oder Zielvereinbarungen?
■ Sind die Ziele SMART? (siehe Checkliste 14)
■ Gibt es Zielkonflikte?

Die Situation
Die jeweilige Situation darf nicht unbeachtet bleiben.

Betriebsintern:
■ Sind Veränderungen in den Sachaufgaben, bei den Arbeitsplätzen, in der Firmenstruktur, in der Firmenkultur eingetreten?
■ Ist die personelle und materielle Ausstattung den Zielen angemessen?
■ Wird von höheren Vorgesetzten Einfluss genommen?
■ Wirken Interessenvertretungen ein?

Betriebsextern:
■ Wie stellt sich die Arbeitsmarktsituation dar?
■ Wie wirken sich konjunkturelle Veränderungen aus?
■ Sind zusätzliche gesetzliche Regelungen zu beachten?

Ein Vorgesetzter ist gut beraten, bei Führungsproblemen nicht nur den Mitarbeiter isoliert zu betrachten, sondern alle fünf Aspekte ins Kalkül zu ziehen. Die fünf dargestellten Einflussfaktoren wirken nämlich ständig aufeinander ein und sind deshalb nicht voneinander zu trennen.

2

Unter Durchsetzungskraft versteht man eine zum Erreichen betrieblicher Ziele notwendige Selbstbehauptung und Beharrlichkeit, die Sie zu einem „Realisierer mit sozialem Geschick" macht. Zeigen Sie Durchsetzungswillen, verbindliche Umgangsformen, eine wertschätzende Grundeinstellung (Nettigkeit schließt Führungskraft nicht aus) sowie eine eindeutige sachliche Positionierung, dann werden Ihre Mitarbeiter Ihnen Anerkennung und Respekt nicht versagen.

Checkliste 9

Steigern Sie Ihre Durchsetzungskraft

Nehmen Sie das Heft des Handelns in die Hand.
Vorgesetzte dürfen die Dinge in ihrem Wirkungsbereich nicht passiv auf sich zukommen lassen, sondern sollen das Geschehen aktiv gestalten. Agieren Sie, anstatt zu reagieren.

Setzen Sie sich klare Ziele.
Bevor Sie auf Ihre Mitarbeiter einwirken, machen Sie sich klar, was erreicht werden soll. Setzen Sie sich für eigene Handlungen – insbesondere, wenn Sie auf Ihre Mitarbeiter einwirken wollen – Ziele, mit denen Sie sich identifizieren. Eine klare Zielsetzung stärkt die Selbstdisziplin, da Spielräume für Ad-hoc-Entscheidungen und planlose Aktivitäten eingeengt werden.

Gewöhnen Sie sich eine positive Einstellung zu sich selbst an.
Flößt Ihnen Ihre Rolle als Vorgesetzter Angst ein oder befürchten Sie ernsthafte Probleme, fegen Sie negative Gedanken sofort beiseite. Sie wirken leistungshemmend und destruktiv, je länger Sie sich mit ihnen beschäftigen. Sprechen Sie sich Mut zu und klopfen Sie sich – bildlich dargestellt – hin und wieder kräftig und anerkennend selbst auf die Schulter.

Stehen Sie zu Ihren Entscheidungen.
Entscheiden Sie nach bestem Wissen und Gewissen, vertreten Sie das Ergebnis und schirmen es gegen Zweifel ab (Ausnahme: er-

Fortsetzung: Steigern Sie Ihre Durchsetzungskraft

kennbare Fehlentscheidungen). Ein „Umfallen" beim ersten Gegenwind wäre fatal.

Lassen Sie keine Rückdelegation zu.
(siehe Checkliste 39)

Strahlen Sie über Ihre Körpersprache Selbstbewusstsein aus.
Sie vermeiden Unsicherheitsgesten und bemühen sich auch in Stresssituationen um eine aufrechte offene Körperhaltung (Schultern leicht nach hinten gedrückt, Brustkorb leicht aufgewölbt, Kopf aufgerichtet, elastischer Gang), mit der Sie auf Ihre Kooperations-, aber auch Durchsetzungsbereitschaft verweisen.

Pflegen Sie Blickkontakt.
Fehlender Blickkontakt zeugt von Unsicherheit und verhindert ein vertrauensvolles Gesprächsklima. Schauen Sie Ihren Gesprächspartner an, wenn er spricht. Sehen Sie nicht zu Boden (dies lässt auf Unsicherheit/Unterlegenheit schließen), es sei denn, Sie denken einen Moment nach.

Geben Sie klare und unmissverständliche Anweisungen.
(siehe Checkliste 29 und Checkliste 30)

Kommen Sie auf den Punkt.
Vermutlich langweilen Sie sich, wenn ein „Drumherumsprecher" weit ausholt und Ihnen kostbare Zeit raubt. Auch Ihre Mitarbeiter sind dankbar für Wortbeiträge, in denen kurz, präzise und überzeugend eine Meinung dargestellt wird.

Vermeiden Sie „Weichmacher".
Zweifelt jemand an den eigenen Argumenten, wird er unbewusst „Weichmacher" in seinen Ausführungen verwenden und damit seine Überzeugungskraft mindern. Zu den „Weichmachern" zählen Konjunktive („Es wäre vorstellbar, dass ...", „Ich würde sagen, ..."), abschwächende Füllwörter („normalerweise", „in etwa") und Hoffnungs-Formulierungen („Ich hoffe, ...", „Ich glaube, ...").

Im Führungsstil wird die Art der bewussten und geplanten Einflussnahme auf Mitarbeiter zum Erreichen betrieblicher Ziele dokumentiert. In ihm spiegelt sich die Grundeinstellung des Vorgesetzten zu seinen Mitarbeitern wider, kennzeichnet also die Verhaltensweisen – die gewählten Führungsmittel – des Vorgesetzten.

Checkliste 10

2

Die bekanntesten Führungsstile

Autoritärer Führungsstil

Die Führung geht von einem mit hoher Machtfülle ausgestatteten Vorgesetzten aus, der die notwendigen Entscheidungen ohne die Mitwirkung seiner Untergebenen trifft. Die Untergebenen haben die Entscheidung unverfälscht und zuverlässig auszuführen, wobei sie ständiger Kontrolle unterworfen sind. Vorrangiges Ziel ist die Aufgabenerfüllung im sachlichen Bereich, während individuelle Belange der Untergebenen vernachlässigt werden.

Patriarchalischer Führungsstil

Beim patriarchalischen Führungsstil („Patriarchat" = Vaterherrschaft) – dem autoritären Führungsstil verwandt – fühlt sich der Vorgesetzte für seine in Abhängigkeit gehaltenen „Belegschaftskinder" verantwortlich. Er entscheidet allein, was für sie gut oder schlecht ist. Beugen sich die „Kinder" dem Willen des „Vaters" nicht, greift der Vorgesetzte strafend ein. Dieser absolute Herrschaftsanspruch wird durch die Fürsorgepflicht gegenüber den Geführten ergänzt.

Laissez-faire-Führungsstil

Der Laissez-faire-Führungsstil ist durch den Effekt der Desorganisation gekennzeichnet. Führen findet kaum statt. Zwar stellt der Vorgesetzte die zur Entscheidungsfindung erforderlichen Informationen bereit, macht im Entscheidungsprozess jedoch keinen oder nur einen geringen Einfluss geltend. Fragen der Planung, Organisation, Durchführung und Kontrolle werden von der Gruppe beantwortet.

Kooperativer Führungsstil

Der Vorgesetzte sieht seine vorrangige Funktion darin, für bestmögliche Aufgabenerledigung bei gleichzeitig größtmöglicher Zufriedenheit der Mitarbeiter zu sorgen. Er betrachtet die Geführten als Mitarbeiter und Partner, nicht als Untergebene. Diese wirken am Willensbildungsprozess im Rahmen ihrer Fähigkeiten, ihres Wissens und ihrer Erfahrung aktiv mit. Unter Verzicht auf Zwang und persönliches Geltungs- und Machtstreben wird partnerschaftliches Denken und Handeln praktiziert.

Zur Verdeutlichung sollen die Unterschiede zwischen dem autoritären und dem kooperativen Führungsstil dargestellt werden:

Checkliste 11

Grundlegende Unterschiede		
	autoritärer Führungsstil	kooperativer Führungsstil
Qualifikation der Mitarbeiter	Niedrig	Hoher Reifegrad erforderlich
Art der Aufgabe	Überwiegend Routineaufgaben	Schwierige und komplexe Aufgaben
Beschäftigte werden betrachtet als	Untergebene, Weisungsempfänger, Menschenmaterial, working animals	Selbstständige, motivierte und Verantwortung übernehmende Mitarbeiter
Autorität und Macht des Vorgesetzten werden hergeleitet von	Hierarchie = kraft Amtes	Persönliche und fachliche Kompetenz
Entscheidungen werden getroffen	Vom Vorgesetzten allein	Mitarbeiter werden durch Beteiligung einbezogen
Einstellung der Mitarbeiter	„Wie will er es haben?"	„Welches ist die beste Lösung?"
Kontrolle	Totalkontrolle = „Alles geht über meinen Tisch"	Stichproben- und Erfolgskontrolle
Vom Vorgesetzten gegebene Informationen	Nur das Notwendigste nach dem Motto „Teile und Herrsche"	Befriedigen den objektiven Informationsbedarf und das subjektive Informationsbedürfnis
Ermessensspielraum des Mitarbeiters	Eher klein; wird durch diverse Vorschriften eingeschränkt	Im Rahmen des Delegationsbereichs voller Ermessensspielraum
Motivation	Druck, Zwang, Angst	Vielfältige Bedürfnisbefriedigung
Delegation	Nur Aufgaben	Aufgaben, Kompetenzen und Verantwortung

2

Fortsetzung: Grundlegende Unterschiede

	autoritärer Führungsstil	kooperativer Führungsstil
Mögliche Vorteile	Schnelle Entscheidungen, diszipliniertes Vorgehen	Kollegiales und partner-schaftliches Miteinander bei bestmöglicher Aufgabenerledigung
Mögliche Nachteile	Geistige Passivität der Mitarbeiter, einsame Entscheidungen, häufige Fehlentscheidungen	Zeitverbrauch bis zur Konsensbildung
Slogan	„Führer und Gefolge"	„Harmonierende Mannschaft mit Kapitän"

Die Effizienz einzelner Führungsstile ist nicht eindeutig bestimmbar, denn alle Aussagen über die Wirksamkeit von Führungsstilen lassen sich nur unter Berücksichtigung der spezifischen Situation treffen. Eine Patentrezeptur oder einen allein selig machenden „Allzweck-Führungsstil" gibt es demnach nicht. Allerdings verspricht der kooperative Führungsstil grundsätzlich die besten Leistungsergebnisse bei größtmöglicher Zufriedenheit der Beteiligten.

Jeder Vorgesetzte muss neben seinen fachlichen Aufgaben stets seine fünf Führungsaufgaben im Auge behalten.

Checkliste 12

Führungsaufgaben
Ziele vereinbaren Jeder Führungsprozess wird durch eine Problemsituation eingeleitet. Kooperativ Führende formulieren nach partnerschaftlicher Diskussion mit ihren Mitarbeitern Ziele. Diese im Konsens festgelegten Ziele bündeln die vorhandenen Energien der Mitarbeiter für konkrete Handlungen. Vereinbarte Ziele sollten den Mitarbeiter immer herausfordern, ihn aber keinesfalls unter- oder überfordern. Erst herausfordernde Ziele vermitteln das Gefühl des Gefordertwerdens und bilden im Falle des Erfolges den Ansporn für künftige Leistungen auf hohem Niveau. Weitere Informationen siehe Checkliste 13.

Fortsetzung: Führungsaufgaben

Planen
Wir verstehen unter Planen die gedankliche Vorwegnahme der zukünftigen Durchführung. Deshalb suchen wir im Rahmen des Planens nach denkbaren Wegen und Mitteln, das vereinbarte Ziel mit geringstmöglichem Aufwand zu erreichen. Hierzu holen wir vielfältige Informationen ein, suchen nach Lösungswegen und sondern untaugliche Lösungsmöglichkeiten aus.

Entscheiden
Mit der Entscheidung wählen wir aus den verbliebenen Lösungsmöglichkeiten das beste Handlungsprogramm aus. Da die Entscheidung in die Zukunft wirkt, hoffen wir auf die Richtigkeit unserer auf Erfahrungen und Intuition beruhenden Einschätzung.

Realisieren
Da jede Entscheidung nur so gut ist wie sie ausgeführt wird, achten Sie darauf, dass die Entscheidung in Handlungen umgesetzt wird. Spätestens in der Realisierungsphase sind Sie als Vorgesetzter aufgerufen, zu informieren, zu motivieren, zu delegieren, zu koordinieren, zu veranlassen.

Kontrollieren
Schließlich ermitteln Sie durch Kontrolle, ob das Handlungsergebnis (= Ist-Zustand) dem gewünschten und vereinbarten Ziel (= Soll-Zustand) entspricht. Um Ihrer Kontrollfunktion den negativen Beigeschmack eines Überwachungs-, Fehlerfindungs- und Bestrafungsinstruments zu nehmen, werden Sie Ihrer Kontrollpflicht mit Fingerspitzengefühl still und unauffällig nachkommen und keinesfalls daraus eine „Staatsaktion" machen.

Ein wirkungsvolles Arbeiten ist nur dann möglich, wenn klare Ziele unseren Handlungen vorangestellt werden. Ziele gelten Mitarbeitern als Kompass und Wegweiser und helfen dabei, alle Hürden zu überwinden und das Unternehmen einen weiteren Schritt vorwärts zu bringen.

Werden Ziele vom Vorgesetzten verbindlich durch Anweisung vorgeschrieben, begegnet uns die autoritärer Führung angemessene Zielvorgabe. Erfolg versprechender ist für alle Beteiligten eine Zielvereinbarung, in der Vorgesetzter und Mitarbeiter gemeinsam Ziele formulieren und festlegen.

Checkliste 13

2

Vereinbaren Sie Ziele

- Sie legen mit dem Mitarbeiter einen Gesprächstermin fest und bitten ihn, bis zu dem Gespräch seine Zielvorstellungen zu entwickeln. So kann der Mitarbeiter im Rahmen seines Aufgaben- und Verantwortungsbereichs seine Sichtweise und Vorstellungen in den Zielfindungsprozess einbringen.

- Sie sammeln zunächst die notwendigen Daten (z. B. Markt-/Kostendaten für einzelne Produkte) für die Ausgangslage (Ist-Zustand). Anschließend erarbeiten Sie unabhängig vom Mitarbeiter Ihre längerfristigen Zielvorstellungen (in der Praxis haben sich neben dem üblichen Tagesgeschäft ein bis fünf Ziele als realistisch erwiesen) für den Aufgabenbereich des Mitarbeiters und ermitteln hieraus von Ihnen gewünschte kurzfristige Ziele (Soll-Zustand).

- Sie koordinieren das gewünschte Soll in Gedanken mit den Zielen anderer Mitarbeiter und denen Ihres gesamten Bereichs.

- Es folgt die wechselseitige Abstimmung der Zielvorstellungen durch partnerschaftliche Diskussion mit dem Mitarbeiter, so dass schließlich über die anzustrebenden Ziele Konsens entsteht.

- Das Ergebnis muss integriert sein in die immer stärker werdenden Vernetzungen und übergreifenden Abhängigkeiten im Unternehmen, die bereichsinterne Abstimmungen voraussetzen.

Nach dem Zielvereinbarungsgespräch sollten Sie eine kritische Analyse vorsehen:

Checkliste 14

Zielvereinbarungen kritisch analysieren

	Ja	Nein
- Kam es zu einer wirklichen Zielvereinbarung, in der gemeinsam mit dem Mitarbeiter ein Konsens erzielt wurde?	☐	☐

Fortsetzung: Zielvereinbarungen kritisch analysieren

- Bestehen gute Chancen, dass sich der Mitarbeiter mit der Zielvereinbarung identifiziert, weil er sie als viel versprechend und vorteilhaft erkennt? ☐ ☐

- Sind die Ziele klar, konkret, präzise, unmissverständlich und positiv formuliert? ☐ ☐

- Sind die Ziele inhaltlich genau bestimmt (was ist zu tun)? ☐ ☐

- Wurden Ausmaß (in welchem Umfang?) und Termine limitiert (bis wann ist etwas zu tun)? ☐ ☐

- Sind die Ziele messbar und enthalten damit einen Aufforderungscharakter? ☐ ☐

- Sind die Ziele zeitlich und inhaltlich erreichbar und orientieren sich am Möglichen und Machbaren? ☐ ☐

- Wurden bei der Zielvereinbarung erkennbare/vermutete Entwicklungen und mögliche Störeinflüsse berücksichtigt? ☐ ☐

- Sind die Ziele herausfordernd, so dass mit Ihnen ein Motivationsschub einhergehen wird? ☐ ☐

- Ist die Anzahl vereinbarter Ziele auf ein überschaubares Maß (maximal fünf) begrenzt? ☐ ☐

- Kennt der Mitarbeiter die Prioritäten seiner Ziele, so dass er gegebenenfalls umdisponieren kann? ☐ ☐

- Sind die für den Mitarbeiter in Betracht kommenden Ziele, die für einen längeren Zeitraum gelten, in Teil-/Etappenziele überführt worden? ☐ ☐

- Konnten erkennbare/vermutete Zielkonflikte ausgeräumt bzw. auf ein Minimum beschränkt werden? ☐ ☐

- Wurden die Zielvereinbarungen schließlich in in einem Zeitplan festgehalten, der als Grundlage für den vom Mitarbeiter (in einfachster Form) aufzustellenden Ablaufplan dienen soll? ☐ ☐

Ziele sollen SMART sein:

S = spezifisch = klar, eindeutig, Reifegrad berücksichtigen
M = messbar = ideal Zahlen, Daten – keinesfalls schwammig
A = ausführbar = generell machbar und widerspruchsfrei
    = attraktiv = für den Mitarbeiter vorteilhaft
    = aktiv be- = Mitarbeiter soll Ziele aus eigener Aktivität
      einflussbar heraus erreichen
R = realistisch = nicht überfordern, nicht unterfordern
T = terminiert = stets mit Terminangabe, auch bei Teilzielen

Vereinbarte Ziele üben eine magnetische Anziehungskraft aus: „Wo ein Wille ist, ist auch ein Weg!"

Kommt ein Mitarbeiter seinen Aufgaben nur unzureichend nach, prüfen Sie, welche Gründe hierfür ausschlaggebend sein können.

Checkliste 15

Mitarbeiterverhalten gezielt verbessern		
Sie fragen sich:	Ihre Diagnose:	Mögliche Therapie:
a) Weiß der Mitarbeiter nicht?	Fehlendes Fachwissen	Schulung/ Informieren
b) Will der Mitarbeiter nicht?	Fehlende Motivation	Motivieren
c) Kann der Mitarbeiter nicht?	Fehlende Erfahrung/Übung	Schulung/ Training
d) Darf der Mitarbeiter nicht?	Organisatorische Probleme	Organisatorische Änderungen
e) Kombinationen von a) – d)	Kombinierte Gründe	Kombinierte Therapien
f) Hat der Mitarbeiter ein privates/persönliches Problem?	Störungen in der Berufsausübung, z. B. Fehlerquote	Vertrauensvolle Gesprächsführung

Ihr Ziel ist die Erhöhung des Reifegrades Ihres Mitarbeiters, das heißt die Bereitschaft und die Fähigkeit des Mitarbeiters, seinen Aufgaben verantwortungsbewusst nachzukommen.

Mitarbeiter informieren

3

Oft genug betrachten Vorgesetzte Informationen als Herrschafts-
wissen, trennen sich nur ungern von ihm und speisen Mitarbeiter
mit einem „Das hat Sie nicht zu interessieren" ab. Sollen Mitarbeiter mitdenken und selbstständig handeln, andere vertreten,
unterstützen und beraten, so müssen sie gezielt mit den erforderlichen Informationen versorgt werden.

3

Zeitgemäße Mitarbeiterführung setzt eine offene Informationspolitik voraus!

Checkliste 16

Weshalb Mitarbeiter informieren?

- Unser Staat stellt seinen Bürgern frei, sich ohne Zwang und
  umfassend über alle Geschehnisse zu informieren. Diese viel-
  fältigen Informationsmöglichkeiten betrachten wir als selbst-
  verständlich. Demzufolge erwarten wir auch im beruflichen
  Bereich offene und umfassende Informationen.

- Der seinen Beruf verantwortlich ausübende Mitarbeiter benötigt für seinen Aufgabenbereich einen möglichst vollstän-
  digen Informationsgrad. Er kann mit gutem Recht erwarten,
  dass er laufend über alles Wichtige informiert wird, damit er
  seine Aufgaben rationell und schnell erledigen kann.

- Die Arbeitsteilung greift immer weiter um sich und ruft eine
  ständig stärker werdende Spezialisierung hervor. Der einzelne Mitarbeiter sieht und kennt oft nur noch einen kleinen
  Teil des Unternehmens. Um Zusammenarbeit zwischen den
  einzelnen Abteilungen zu ermöglichen, ist ein Mindestmaß
  an Information über andere Organisationseinheiten der Firma notwendig.

- Es gilt, das Können und die Erfahrung der Spezialisten anderen Mitarbeitern zugänglich zu machen. Mit grundsätzlichen
  Informationen über andere Tätigkeitsbereiche und Arbeits-
  felder wird fachliche Isolation („Fachidiotentum") vermieden, dafür jedoch die Einsatz- und Verwendungsmöglichkei-
  ten der Mitarbeiter erweitert.

- Wo offen, sachlich und uneingeschränkt informiert wird,
  können sich nur schwerlich Gerüchte bilden.

Fortsetzung: Weshalb Mitarbeiter informieren?

3

- Eine gute Informationspolitik kommt auch den Bedürfnissen der Mitarbeiter entgegen und verbessert damit die Arbeitsmotivation. Ein Mitarbeiter wird sich für den Betrieb und seine Arbeit stärker einsetzen, wenn ihm bewusst ist, warum und wofür er arbeitet und wenn ihm sein Vorgesetzter ermöglicht, auch angehört zu werden.

- Der Mitarbeiter wird eher Handlungsweisen seines Vorgesetzten verstehen und akzeptieren, wenn er objektiv aufgeklärt wird. Vieles, was der Mitarbeiter bei fehlenden Informationen als Zumutung oder reine Schikane empfindet, erscheint nunmehr in einem anderen Licht.

- Die Konsequenzen einer falschen oder unvollständigen Informationspolitik sprechen für eine intensive Information der Mitarbeiter: Doppelarbeiten, Nachfragen, Zeitverzögerung, Konflikte, Demotivation und Unzufriedenheit bei allen Beteiligten, Frustration, Stress- und Angstgefühle.

- Den Mitarbeiter interessieren Informationen, um seinem Bedürfnis nach Sicherheit nachzukommen. Er will Wissenswertes frühzeitig erfahren – z. B. Veränderungen sachlicher und personeller Art, um sich darauf einzustellen. Wissen gibt Sicherheit, Nichtwissen erzeugt regelmäßig Misstrauen.

- Der Mitarbeiter benötigt Informationen, um Kontakt zu anderen Menschen aufzunehmen und zu intensivieren. Der Wunsch, mitzuteilen – mit anderen zu teilen – ist eine Art Instinkt: Mitteilen bedeutet Zugehörigkeit und Befriedigung sozialer Bedürfnisse.

- Der Mitarbeiter wünscht Informationen, um seinem natürlichen Orientierungstrieb (angeborene Neugier, „Reizhunger") zu befriedigen.

- Verfügt der Mitarbeiter über umfangreiche Informationen – gleichgültig wie wichtig sie sind –, sieht er dies als Bestätigung seiner eigenen Person an.

- Nach dem Betriebsverfassungsgesetz/Personalvertretungsgesetz sind vielfältige Belehrungen, Erläuterungen und Unterrichtungen vorgesehen.

Checkliste 17

3

Worauf müssen Sie als Informierender achten?

Informationen müssen wahr sein!
Werden Informationen bewusst falsch weitergegeben, durch Verschweigen, Hinzufügen, Verfälschen oder Schönfärberei verändert, geschieht dies regelmäßig zum Zwecke des Manipulierens. Kurzfristig kann der Manipulierende Erfolg haben, längerfristig tritt aber ein Vertrauensschwund ein.

Informationen müssen auf das Wesentliche beschränkt sein!
Langatmige und weitschweifige Informationen sind zu vermeiden. Soll keine Informationsüberflutung eintreten, ist das Wesentliche in klarer und übersichtlicher Form darzustellen.

Informationen müssen kontinuierlich gegeben werden!
Nicht zufällig oder nach dem Gießkannenprinzip soll informiert werden, sondern regelmäßig und planvoll.

Informationen müssen für den Empfänger einen Nutzen haben!
Der Empfänger einer Information beurteilt diese vor allem nach dem Nutzen für sich selbst. Werden mit der Nachricht Interessen, Vorlieben oder Abneigungen berührt, erhöht sich die Aufmerksamkeit.

Informationen müssen umfassend sein!
Mitarbeiter wollen möglichst umfassend informiert werden. Sie wollen mehr wissen als das, was sie zur Ausführung ihrer speziellen Tätigkeit benötigen. Lassen Sie Ihre Mitarbeiter auch Anteil haben an dem allgemeinen betrieblichen Geschehen.

Informationen müssen vollständig sein!
Manche Vorgesetzte betrachten Informationen als Macht, von der sie sich nicht trennen wollen. Sie halten ihre Mitarbeiter in Abhängigkeit, weil diese wegen fehlender Informationen nur unzureichend eigenständige Entscheidungen treffen können. Jeder Mitarbeiter erhält nur Teilinformationen, während der Vorgesetzte als einziger im Besitz der gesamten Information bleibt. Zwar mag vordergründig das Zurückhalten von Informationen nützlich erscheinen, langfristig gesehen werden jedoch das Vertrauen und die Zusammenarbeit gefährdet.

Fortsetzung: Worauf müssen Sie als Informierender achten?

Informationen müssen rechtzeitig übermittelt werden!
Informationen müssen zum richtigen Zeitpunkt zur Verfügung stehen. Rechtzeitig beschreibt einen Zeitpunkt, zu dem die Mitteilung noch wirklich neue Aspekte enthält und nicht bereits auf anderen inner- oder außerbetrieblichen Kanälen als Gerüchte durchgesickert sind.

Informationen müssen verständlich sein!
Mitarbeiter sollen mit Informationen etwas anfangen können. Es gilt die simple Regel: Eine Aussage ist klar und präzise, wenn der Empfänger sie versteht!

Informationen müssen auf dem richtigen Weg übermittelt werden!
Die Wirkung verschiedener Übermittlungsformen auf den einzelnen Mitarbeiter ist unterschiedlich. So nimmt ein Mitarbeiter neue Informationen in schriftlicher Form besonders intensiv auf, während sein Kollege Gesprochenes bevorzugt. Einem Dritten wird das Verständnis durch bildliche Darstellungen erleichtert.

3

Profi-Tipp:

Wollen Sie als Vorgesetzter Ihren Informationspflichten nachkommen, fragen Sie sich vor jedem Kommunikationsprozess: Wie kommen

■ die richtigen Informationen	WAS?
■ in der geeigneten Form	WIE?
■ zur passenden Zeit	WANN?
■ zum anvisierten Empfänger	AN WEN?
■ um dort das Handeln zu beeinflussen?	WOZU?

Verfügen Sie über eine ausgeprägte Kommunikationsfähigkeit, erfüllen Sie eine wünschenswerte Voraussetzung für gute Gespräche. Überprüfen Sie Ihre Kommunikationsfähigkeit, indem Sie zu den folgenden Aussagen den passenden Satz kennzeichnen:

Checkliste 18

3

Ihre Kommunikationsfähigkeit

1. Mündliche Aussagen werden vom Mitarbeiter am ehesten verstanden, wenn ...
   a) der Vorgesetzte seine sprachlichen Fähigkeiten spielen lässt. ☐
   b) sie so formuliert werden, dass sie der Mitarbeiter versteht. ☐

2. Komplexe Ausführungen werden leichter verstanden, wenn man ...
   a) sie mittels passender Beispiele oder Analogien verdeutlicht. ☐
   b) den Mitarbeiter bittet, genau aufzupassen. ☐

3. Wichtige Aussagen bleiben besser im Gedächtnis haften, wenn ...
   a) sie durch Wiederholungen verstärkt werden. ☐
   b) der Vorgesetzte sich klar ausdrückt. ☐

4. Die überzeugende Formulierung einer Aussage vor dem Gespräch ...
   a) erfordert mehr Zeit, als sie Nutzen bringt. ☐
   b) macht sie leichter verständlich. ☐

5. Ob Ihre Aussage vom Mitarbeiter verstanden wurde, stellen Sie fest, wenn ...
   a) Sie den Mitarbeiter fragen, ob er alles verstanden hat. ☐
   b) Sie den Mitarbeiter bitten, Ihre Aussage zu wiederholen. ☐

6. Zuhören wird effektiver, wenn Sie ...
   a) sich auf den Mitarbeiter konzentrieren und auf das, was er sagt. ☐
   b) gedanklich vorwegnehmen, was der Mitarbeiter sagen will. ☐

7. Verstehen wird leichter, wenn man ...
   a) erst dann ein Urteil fällt, wenn der Mitarbeiter ausgesprochen hat. ☐
   b) annimmt, die Position des Mitarbeiters zu kennen, und entsprechend urteilt. ☐

Fortsetzung: Ihre Kommunikationsfähigkeit

8. Als Zuhörer können Sie zum Verständnis beitragen,
   wenn Sie …
   a) von Zeit zu Zeit wichtige Aussagen des Mitarbeiters
      wiederholen. ☐
   b) unterbrechen, um Ihre Gefühle auszudrücken oder
      um einen passenden Gedankengang darzustellen. ☐

9. Gute Kommunikatoren …
   a) haben ihre Reaktion schon parat, wenn der Mit-
      arbeiter zu sprechen aufhört. ☐
   b) stellen Fragen, wenn etwas nicht ganz klar
      geworden ist. ☐

10. Gespräche werden verbessert, wenn die Partner …
    a) miteinander in Blickkontakt bleiben. ☐
    b) einander weder durch Blickkontakt noch durch
       nichts sagende Gesprächsfloskeln stören. ☐

3

Die richtigen Antworten lauten: 1b, 2a, 3a, 4b, 5b, 6a, 7a, 8a, 9b
und 10a.

Checkliste 19

Ihre Vorbereitung auf das Mitarbeitergespräch

■ Welcher Termin bietet sich an?

■ Welche Themen sollen angesprochen werden? Sollte das Thema zweckmäßigerweise in Unterthemen aufgesplittet werden?

■ Welches Zeitlimit ist zu beachten?

Diese Informationen stellen Sie dem Mitarbeiter rechtzeitig zur
Verfügung, damit auch er sich auf das Gespräch vorbereiten
kann.

■ Welche Unterlagen benötige ich, über welche Daten muss ich
   verfügen?

■ Muss ich vorweg von anderen Personen Informationen einholen?

Fortsetzung: Ihre Vorbereitung auf das Mitarbeitergespräch

- Welche Lösungen kann ich mir zu den einzelnen Punkten vorstellen?
- Müssen nach dem Gespräch vorgesehene Entscheidungen mit anderen Personen/Stellen abgestimmt werden?
- In welchen Schritten sollte das Gespräch ablaufen?

3

Checkliste 20

Phasen eines Mitarbeitergesprächs

- Herstellen des zwischenmenschlichen Kontakts
- Wertfreie (!!!) Schilderung des Problems *)
- Stellungnahme des Mitarbeiters erbitten
- Diskussion der Gesprächspartner über geäußerte Gedanken
- Ergänzungen erbitten
- Bisherige Gesprächsergebnisse zusammenfassen
- Entscheidung treffen (evtl. später)
- Mitteilung der Entscheidung (evtl. später)
- Gesprächsschluss in freundlicher Atmosphäre

*) Unbeabsichtigt boykottieren manche Vorgesetzte Mitarbeitergespräche, indem sie das zu erörternde Problem bewertend den Mitarbeitern eröffnen und zusätzlich noch einen eigenen Lösungsvorschlag nennen: „Herr Krause, wir müssen heute eine wichtige Frage besprechen, die eine große Bedeutung für Ihre Abteilung hat. Hierzu möchte ich sehr gern Ihre Ansichten hören. Zuvor lassen Sie mich meine Meinung in dieser Angelegenheit kurz darstellen ..."

Damit befindet sich der Mitarbeiter in einer schwierigen Situation: Einerseits braucht er sich nach den vorgetragenen Gedanken seines Vorgesetzten nicht mehr in geistige Unkosten stürzen. Fühlt er sich zudem unsicher, wird er kaum Widerspruch anmelden. Andererseits möchte er eine gegenteilige Auffassung herausstellen, muss aber bei einem vorwiegend autoritär führenden Vorgesetzten für die Zukunft mit Repressalien rechnen. Also besteht die einfachste und problemloseste Handlungsweise darin, dem Vorgesetzten zuzustimmen. Vielleicht glaubt zum Schluss der Vorgesetzte, ein sehr fruchtbares Gespräch geführt zu haben, während er tatsächlich durch die frühe Preisgabe seiner Meinung der Taktik des Mitarbeiters zum Opfer gefallen ist.

Mit einer offenen Kommunikation gelingt es Ihnen in Mitarbeitergesprächen eher, Missverständnisse zu beseitigen, genauere Gesprächsergebnisse zu erzielen, weniger oft beleidigt zu sein, das Miteinander im Verhältnis zu Ihren Mitarbeitern zu stärken und Vertrauen aufzubauen.

Checkliste 21

3

Regeln für offene Kommunikation

Jeder ist für sich selbst verantwortlich
Bestimmen Sie selbst, was Sie sagen oder nicht sagen wollen und wann Sie es sagen wollen. Gestehen Sie auch den Mitarbeitern zu, selbst für sich verantwortlich zu sein.

Innere Störungen haben Vorrang
Sagen Sie offen, wenn Sie sich auf Gespräche nicht konzentrieren können (z. B. sind Sie gelangweilt, verärgert, unzufrieden oder vom Gefühl her mit anderen Dingen beschäftigt). Verdecken Sie den Störfaktor, bleibt er ein vom Mitarbeiter nicht einzuordnendes Hindernis.

Beachten Sie nicht nur Ihre Sachaussagen, sondern auch Ihre Körpersprache
Worte entsprechen dem Verstandesmäßigen, während sich die emotionale Verfassung über Körperhaltung, Gestik, Mimik, Sprechtempo, Betonung und Stimmlage ausdrückt. Stimmt das gesprochene Wort nicht mit den Körpersignalen überein, leidet die Glaubwürdigkeit, die gezeigte „Maske" wird erkannt. Beachten wir unsere Körpersignale, sorgen wir eher für Kongruenz zwischen rationalen und emotionalen Signalen.

Verstecken Sie sich nicht hinter anderen
Wer ist nicht von der Versuchung frei, sich hinter „man-" oder „wir-Formulierungen" zu verstecken? Geben Sie Mitteilungen in der Ich-Form von sich, zeigen Sie sich als Person und übernehmen Sie die Verantwortung für das Gesagte.

Geben Sie dem Mitarbeiter zu verstehen, wie er auf Sie wirkt
Wenn das Verhalten eines Mitarbeiters bei Ihnen angenehme oder unangenehme Gefühle auslöst, teilen Sie es möglichst so-

---

Fortsetzung: Regeln für offene Kommunikation

fort mit. Verbergen Sie Ihre Gefühle, lassen Sie eine Gelegenheit verstreichen, Mitarbeiter für sich zu gewinnen oder wiederzugewinnen. Sagen Sie dem Mitarbeiter nicht: „So sind Sie!", sondern: „So wirken Sie auf mich – und folgende Reaktionen lösen Sie dadurch bei mir aus."

3

Bleiben Sie offen, wenn Mitarbeiter ihre Reaktionen über Sie mitteilen
Äußert sich ein Mitarbeiter negativ über Sie, versuchen Sie nicht gleich sich zu verteidigen oder die Angelegenheit richtigzustellen. Auch der Mitarbeiter teilt nur seine subjektiven Wahrnehmungen und Gefühle mit und hat seine Sicht der Sache.

Mitarbeiter beschweren sich immer wieder: „Mein Chef hört mir meistens nicht zu, sondern beschäftigt sich mit anderen Dingen, so, als wäre ich Luft." Was ist zu tun, damit sich dieses Klagelied erübrigt?

Checkliste 22

Gebote des guten Zuhörens

Nicht selber sprechen
Sie können nicht zuhören, wenn Sie selber sprechen.

Den Mitarbeiter entspannen
Zeigen Sie Ihrem Mitarbeiter, dass er frei sprechen kann. Nicht zwischen Tür und Angel, nicht unter Zeitdruck, nicht eine Sitzanordnung wählen, die ein Über- und Unterordnungsverhältnis signalisiert (also keinen Schreibtisch „dazwischenschieben").

Zeigen Sie, dass Sie zuhören wollen
Also weg mit den Unterschriften, die Sie eigentlich nebenher erledigen wollten. Nehmen Sie eine offene Körperhaltung ein und zeigen Sie durch Blickkontakt Ihre Konzentration auf das Gespräch.

Halten Sie Ablenkungen fern
Störfaktoren (Telefonate, Besucher) verhindern eine vertrauensvolle Gesprächsatmosphäre. Auch Ihr Männchenmalen wird als Desinteresse empfunden.

Fortsetzung: Gebote des guten Zuhörens

Stellen Sie sich auf den Mitarbeiter ein
Ihr Mitarbeiter ist im Moment für Sie der Mittelpunkt der Welt. Versuchen Sie, sich in seine Situation zu versetzen, damit Sie seinen Standpunkt verstehen.

Üben Sie sich in Geduld
Reservieren Sie genügend Zeit, damit nicht der Eindruck von Unruhe, Hetze und Hektik aufkommen kann.

3

Beherrschen Sie sich
Ärgern Sie sich, sind Sie für eine unvoreingenommene Informationsaufnahme nicht mehr bereit, sondern interpretieren die Aussagen Ihres Mitarbeiters möglicherweise falsch.

Lassen Sie sich durch Vorwürfe und Kritik nicht aus dem Gleichgewicht bringen
Streiten Sie nicht: Auch wenn Sie gewinnen, haben Sie verloren.

Fragen Sie
Wer fragt, der führt – Wer fragt, der aktiviert – Wer fragt, der produziert!

Nicht selber sprechen
Dies ist das erste und letzte Gebot, von dem alle anderen abhängen. Sie können nicht gut zuhören, solange Sie selber sprechen.

Zuhören allein genügt nicht, sondern der Mitarbeiter muss Ihr Zuhören auch erkennen können:

Checkliste 23

Aktives Zuhören

Geben Sie anteilnehmende Bemerkungen von sich!
Mit „nichts sagenden Gesprächsfloskeln", „neutralen Aufmerksamkeitsreaktionen" oder „sozialem Schmieröl" wie zum Beispiel „so?", „aha!", „wirklich?", „erstaunlich", „kaum zu glauben ...", „interessant", bekunden Sie Ihre Anteilnahme an den Ausführungen Ihres Mitarbeiters.

3

Fortsetzung: Aktives Zuhören

Unterbrechen Sie nicht!
Nur vorlaute Menschen unterbrechen den Gesprächspartner. Lassen wir den Partner ausreden, wird uns dieser anschließend auch bereitwillig zuhören. Unterbrechen wir ihn aber, bleibt immer etwas Unzufriedenheit in ihm zurück. Dem Gesprächspartner fehlt die innere Ruhe, da er darauf achtet, den unausgesprochenen Rest seiner Aussagen nicht zu vergessen.

Wichtige Aussagen notieren Sie sofort!
Greifen Sie demonstrativ zu Papier und Bleistift „Das ist ein interessanter Hinweis." oder „Wie ist das im Einzelnen gewesen?", werten Sie Ihren Gesprächspartner auf. Durch das schriftliche Festhalten von wenigen Stichwörtern unterstreichen Sie deren Wichtigkeit und signalisieren damit auch Ihre Anerkennung gegenüber dem Mitarbeiter.

Zeigen Sie Interesse über Ihre Gestik und Mimik!
Jeder Mensch hat eine natürliche Neigung dazu, mit den Händen die Dinge, von denen er gerade spricht, darzustellen und mit passender Mimik zu verstärken. Auf dem akustischen Kanal haben Sie beim Zuhören zwar „Sendepause", nicht aber auf dem optischen Sendebereich. Über unsere Mimik können Sie Gefühlsregungen wie Freude, Zorn, Interesse, Hoffnung usw. zeigen.

Fragen Sie bei Unklarheiten nach!
Im Gesprächsverlauf grübeln wir manchmal, was der Mitarbeiter wohl mit seinen Aussagen meint. Um den Gesprächspartner richtig zu verstehen, fragen Sie im Zweifelsfall sogleich nach.

Wiederholen Sie wesentliche Aussagen!
Indem Sie wichtige Aussagen des Mitarbeiters wiederholen („Mit anderen Worten ...", „Es verstärkt sich bei Ihnen der Eindruck ..." oder „Sie finden, dass ..."), zeigen Sie ihm, dass Sie seinen Aussagen interessiert folgen. Auch erkennen beide Gesprächspartner, dass sie sich noch „auf gleicher Wellenlänge" befinden.

Manche Vorgesetzte sind sich der Wirkung des Fragens nicht bewusst, sondern tragen in Gesprächen ständig Behauptungen und eigene Meinungen vor und verdammen den Mitarbeiter zur Untätigkeit. Den Nachteil dieses Verhaltens drückt treffend ein armenisches Sprichwort aus: „Wer viel redet, erfährt wenig".

Checkliste 24

3

Gute Fragetechnik

Wenn Sie fragen ...

- sprechen Sie weniger und müssen mehr zuhören,
- rücken Sie Ihre Meinung zunächst in den Hintergrund,
- können Sie in dieser Zeit nichts Falsches sagen,
- brauchen Sie nichts zu beweisen (nur wer etwas behauptet, hat die Beweislast),
- erzielen Sie eher Aufmerksamkeit, weil die meisten Menschen zunächst sich selbst gern reden hören,
- denken Sie klarer und können flexibler reagieren,
- gewinnen Sie Zeit zum Nachdenken,
- können Sie eigene Argumente besser vorbereiten,
- gelten Sie als höflicher und interessierter Mensch,
- schaffen Sie schneller eine Vertrauensbasis,
- können Sie den Mitarbeiter besser einschätzen,
- können Sie beim Mitarbeiter das Selbstwertgefühl aufbauen helfen,
- bauen Sie Aggressionen ab,
- können Sie eine falsche Sicherheit des Mitarbeiters (der z. B. Unwahrheiten von sich gibt) elegant zersetzen,
- aktivieren Sie den Mitarbeiter und behalten dennoch die Gesprächsführung in der Hand.

Angesichts dieser Pluspunkte versuchen Sie künftig in Mitarbeitergesprächen weniger zu behaupten und festzustellen, sondern mehr zu fragen. Voraussetzung hierfür ist ein Instrumentarium an Fragearten, da die Antworten Ihres Mitarbeiters weitgehend von der eingesetzten Frageart abhängig sind.

Checkliste 25

Fragearten

Offene Fragen
Sie beginnen immer mit einem Fragewort. Der Befragte kann sich öffnen und seine Meinung kundtun oder detaillierte Auskünfte geben. Diese sogenannten W-Fragen – warum, was, wer, wie, wo usw. – dienen vorrangig der intensiven Informationsbeschaffung.

- „Welche Lösungsmöglichkeiten sehen Sie?"
- „Wann soll diese Regelung eingeführt werden?"

Erfahrungsfragen
Hier begegnet uns eine spezielle Art der offenen Frage.

- „Welche Erfahrungen haben Sie mit Beschwerdeführern gemacht?"

Bei der Antwort kann der Befragte auf Bekanntes zurückgreifen.

Geschlossene Fragen
Die Frage beginnt mit einem Hilfsverb oder Verb, so dass der Mitarbeiter nur mit „ja", „nein" oder „vielleicht" zu antworten braucht.

- „Entspricht dieser Entwurf Ihren Vorstellungen?"
- „Haben Sie bereits mit Frau Krause gesprochen?"

Werden geschlossene Fragen häufig eingesetzt, nimmt das Gespräch schnell den Charakter eines Verhörs an. Diese Frageart ist gut verwendbar, wenn eine Entscheidung zu treffen ist.

Suggestivfragen
Da der Fragende die gewünschte Antwort bereits in die Frage legt, fühlt sich der Gesprächspartner schnell eingeengt und geht möglicherweise sofort in Opposition. Bestimmte Füllwörter sind für diese Frageart charakteristisch: Sicherlich – doch – etwa – wohl – auch.

- „Sie sind doch wie alle anderen auch der Auffassung, dass ...?"
- „Sind Sie in diesem Punkt etwa anderer Meinung?"

Gewissensfragen
Gefordert wird mit dieser Frage die Preisgabe persönlicher Meinungen, Auffassungen, Ideale:

- „Wie hat Herr Blau während meiner Abwesenheit im Verhältnis zu meinem Führungsstil die Abteilung geleitet?"

Fortsetzung: Fragearten

- „Wie bewerten Sie die ständigen Zänkereien, die sich zwischen Herrn Baum und seiner Frau abspielen?"

Examensfragen
Der Mitarbeiter wird „ausgequetscht" und eine unnötige und dem Gesprächszweck gewiss nicht dienliche Stresssituation erzeugt.

- „Wenn Sie schon einen Scheck annehmen, müssen Sie auch die sieben wesentlichen Punkte kennen. Welche Punkte in der richtigen Reihenfolge von links oben nach rechts unten meine ich?"

Mehrfachfragen
Werden dem Mitarbeiter hintereinander mehrere Fragen gestellt, kann dies verwirren. Letztlich lädt diese Art des Fragens zur Selbstbedienung ein: Der Mitarbeiter sucht sich den ihm am meisten zusagenden Frageteil heraus, beantwortet ihn gründlich und ausladend und tut so, als hätte er damit alles beantwortet.

- „Wie ist dieses Informationssystem aufgebaut? Ich meine, welche Merkmale hat es? Woran erkennen wir es? Was ist noch verbesserungsbedürftig?"

Alternativfragen
Um schneller zu Entscheidungen zu gelangen, können Alternativfragen gute Dienste leisten. Sie geben dem Gesprächspartner Alternativen vor, zwischen denen er wählen kann.

- „Können wir das Arbeitsklima durch einen Betriebsausflug oder durch einen Kegelabend verbessern?"

Achtung: Von den beschriebenen Fragearten sollten Sie eher selten verwenden:

- Geschlossene Fragen
- Gewissensfragen
- Mehrfachfragen
- Suggestivfragen
- Examensfragen

Günstiger sind in Mitarbeitergesprächen

- Offene Fragen
- Alternativfragen
- Erfahrungsfragen

Checkliste 26

Ihr Gesprächsverhalten			
	Meistens	Manchmal	Selten
Bei persönlichen Gesprächen			
■ Ich nehme mir Zeit für den Mitarbeiter.	☐	☐	☐
■ Ich lasse den Mitarbeiter ausreden und höre aktiv zu.	☐	☐	☐
■ Ich bemühe mich, Störungen fernzuhalten.	☐	☐	☐
■ Spreche ich, sehe ich den Mitarbeiter an und vermeide dabei ein Anstarren.	☐	☐	☐
■ Ich versuche, mich in die Lage des Mitarbeiters zu versetzen.	☐	☐	☐
■ Ich nehme Rücksicht auf das Befinden des Mitarbeiters.	☐	☐	☐
■ Ich vermeide Allerweltsratschläge.	☐	☐	☐
■ Ich spreche Gefühle offen an.	☐	☐	☐
■ Ich vertrage ein offenes, deutliches Wort.	☐	☐	☐
■ Ich respektiere die Motive und Einstellungen des Mitarbeiters.	☐	☐	☐
■ Ich suche gemeinsam mit dem Mitarbeiter eine Lösung.	☐	☐	☐
Bei sachorientierten Gesprächen			
■ Ich drücke mich verständlich aus.	☐	☐	☐
■ Ich spreche genau und entschieden.	☐	☐	☐
■ Ich zeige mich informiert und kompetent.	☐	☐	☐
■ Ich lasse andere Meinungen zu Wort kommen und höre stets aktiv zu.	☐	☐	☐
■ Ich steuere Gespräche mit einer guten Fragetechnik.	☐	☐	☐
■ Ich gebe Anerkennung und Kritik.	☐	☐	☐

3

Fortsetzung: Ihr Gesprächsverhalten

	Meistens	Manchmal	Selten
■ Ich nehme mir Zeit, Meinungsver-schiedenheiten zu klären.	☐	☐	☐
■ Ich stehe hinter dem, was ich sage.	☐	☐	☐
■ Ich verstehe es, eine entspannte Atmosphäre zu schaffen.	☐	☐	☐
■ Ich lege für Gespräche einen genauen zeitlichen Rahmen fest.	☐	☐	☐
■ Ich kann dem Mitarbeiter verständlich machen, was erreicht werden soll.	☐	☐	☐
■ Ich behalte den roten Faden.	☐	☐	☐

3

Beeinflusst jemand bewusst und zum eigenen Vorteil das Erleben und das Verhalten anderer Menschen, ohne dass diese die Art und Weise des Einflusses durchschauen oder dieser auch nur bewusst wird, erkennen wir Manipulation.

Checkliste 27

Manipulationstechniken

Ansprechen von Gefühlen
Positive Gefühle werden erzeugt, es wird übertrieben gelobt, Schmeicheleien eingesetzt und Verständnis geheuchelt, es wird Entgegenkommen gezeigt und es werden Vorteile versprochen, vorausgesetzt es besteht die Absicht, Kritik zu verhindern oder Widerstände abzubauen.

Fehlinformationen
Der Vorgesetzte lässt einen missliebigen Mitarbeiter „ins offene Messer laufen", indem er dem Mitarbeiter in Nuancen falsche Informationen gibt, so dass dieser einen Misserfolg erleidet. Anschließend äußert sich der Vorgesetzte: „Daran kann ich mich überhaupt nicht erinnern, da müssen Sie mich wohl falsch verstanden haben."

Fortsetzung: Manipulationstechniken

Zurückhalten von Informationen
Es werden dem Mitarbeiter nur Dinge gesagt, die ihm vermutlich entgegenkommen. Diese Informationen werden gern aufgenommen, so dass keine Veranlassung besteht, nach gegenteiligen Informationen zu suchen.

Der „rhetorische Giftschrank" wird bemüht
- Persönliche Angriffe starten (z. B. Mitarbeiter lächerlich machen, seinen Sachverstand anzweifeln), um von der Sache abzulenken.
- Frühere Aussagen des Mitarbeiters zitieren, um ihn festzulegen.
- Haarspalterei, ins Allgemeine und Grundsätzliche ausweichen, extreme Alternativen aufbauen.
- Mit Selbstverständlichkeiten operieren („Ich darf daran erinnern ...", „Bekanntlich ...").
- Äußerungen des Mitarbeiters entstellen oder verzerren, ihn nicht ausreden lassen.
- Falsche Schlussfolgerungen ziehen, mit günstig gewählten Voraussetzungen operieren oder komplexe Probleme auf eine einfache Ursache zurückführen.

Einengen von Kontakten
Der direkte Kontakt zu einer anderen Abteilung wird untersagt. Damit versucht ein Vorgesetzter beispielsweise zu vernebeln, dass er gemeinsam in Mitarbeiterbesprechungen erarbeitete Problemlösungen bei anderen als seine eigenen „Geistesblitze" ausgibt.

Flüsterpropaganda
Mit Flüsterpropaganda wird im Betrieb kolportiert, dass der neue Mitarbeiter ein völliger Versager ist.

Zitieren von Autoritäten
Autoritäten werden zur Stützung der eigenen Position bemüht („Bereits Goethe sagte ...", „Die Wirtschaftsweisen vertreten die Auffassung ..."). Mit dem Zitat wird dem Mitarbeiter suggeriert, dass er die von einer bekannten oder anerkannten Persönlichkeit/Institution gewogene und für gut befundene Sache nicht nochmals zu untersuchen braucht.

Erkennt ein Mitarbeiter, dass er von seinem Vorgesetzten manipuliert wurde, so wird er hellhörig. Danach dürfte dem Vorgesetzten eine zweite Manipulation nur noch schwerlich gelingen. Außerdem wäre das so wichtige Vertrauensverhältnis erheblich gestört.

Checkliste 28

3

Manipulationsversuche durchschauen	Ja	Nein
■ Werden Sachverhalte durch inhaltliche Auslese entstellt?	☐	☐
■ Werden Sachverhalte durch Verwenden negativer, missliebiger Bezeichnungen und Schlagwörter entstellt?	☐	☐
■ Werden Sachverhalte durch Verwenden von positiven Schlagwörtern entstellt?	☐	☐
■ Werden ohne nähere Begründung von Standpunkten Zitate anerkannter Autoritäten/Institutionen gebracht?	☐	☐
■ Werden Argumente anderer mit missliebigen Personen oder Gruppen in Beziehung gebracht und dadurch abgewertet?	☐	☐
■ Werden Diskussionen unter Hinweis auf Zeitmangel, Tagesordnung oder andere Themen abgewürgt?	☐	☐
■ Werden brisante Themen durch Beschwichtigungen oder allgemeine Redensarten abgewiegelt?	☐	☐
■ Werden Nebenfragen über Gebühr aufgebauscht, um von der Hauptfrage abzulenken?	☐	☐
■ Wird durch die Reihenfolge der Themen vom entscheidenden Thema abgelenkt?	☐	☐
■ Wird einer Person durch persönliche Angriffe „der Schneid abgekauft"?	☐	☐

Bei jedem „Ja" erkennen Sie ein manipulatives Verhalten!

Mit der Übertragung der Vorgesetztenfunktion darf eine Führungskraft zugeordneten Mitarbeitern Weisungen erteilen.

Checkliste 29

3

Anweisungen sorgfältig planen

WER?

- Wer ist der zuständige Mitarbeiter?
- Wer ist der geeignetste (nicht der bereitwilligste!) Mitarbeiter?
- Welchem bestimmten Mitarbeiter gebe ich die Anweisung?

Achtung, häufige Fehlerquelle: An einen unbestimmten Personenkreis gerichtete Anweisungen lassen offen, wer denn nun etwas tun soll.

- „Man sollte schnellstens die Werkstatt aufräumen ..."
- „Hier muss endlich einmal Aktivität gezeigt werden ..."

Zumeist fühlt sich kein Mitarbeiter angesprochen, so dass diese diffusen Handlungsanstöße verpuffen. Oder – was seltener der Fall ist – es fühlen sich mehrere Mitarbeiter angesprochen mit der Folge, dass Kompetenzrangeleien auftreten und sogar Doppel- bzw. Mehrfacharbeit geleistet wird.

WAS?

Was soll gemacht werden?

WANN?

Bis wann soll die Arbeit begonnen, bis wann ausgeführt sein? Ein Erledigungstermin ist unbedingt festzulegen.

Achtung, häufige Fehlerquelle: Vielfach werden den Mitarbeitern zu knappe Termine gesetzt. Stellen Sie jede Anweisung als brandeilig heraus, die eigentlich „schon vorgestern hätte erledigt werden müssen", erlahmt das Bemühen des Mitarbeiters um eine schnelle Ausführung.

WIE?

Gestehen Sie dem Mitarbeiter bei der Ausführung von Anweisungen unter Berücksichtigung seiner Fähigkeiten und der Sachforderung so viel Freiheit wie möglich zu.

Fortsetzung: Anweisungen sorgfältig planen

Der Mitarbeiter kann so eher erkennen, dass der Vorgesetzte ihn für befähigt hält, die Anweisung eigenständig auszuführen. Allerdings weisen Sie auf mögliche Schwierigkeiten und vermutete Probleme hin.

Während Sie bei Mitarbeitern mit niedrigem Reifegrad dem WIE? in Ihrer Anweisung größere Bedeutung beimessen, werden Sie dieser Frage bei Mitarbeitern mit hohem Reifegrad nur mehr geringe Beachtung schenken.

3

Achtung, häufige Fehlerquelle: Ohne Ansehen der Person und ihres Potenzials werden stets Anweisungen bis ins letzte Detail gegeben, die zu einer Einschränkung der Handlungsmöglichkeiten des Mitarbeiters führen.

WO?

Wo soll die Arbeit getan werden?

WOMIT?

Welche Hilfsmittel, Vordrucke, Werkzeuge sind für eine ordnungsgemäße Arbeitsausführung vonnöten?

WARUM?

Nur wenn Ihr Mitarbeiter weiß, warum er etwas erledigen soll, fühlt er sich verstärkt verantwortlich und bemüht sich intensiver um eine gute Aufgabenerledigung.

Machen Sie den Mitarbeiter mit Hintergründen und Zusammenhängen vertraut, beziehen Sie ihn stärker in das Betriebsgeschehen ein und wecken Sie sein Interesse und Engagement.

Um Missverständnisse und Fehlinterpretationen zu verringern, sollten Sie vom Mitarbeiter vor Gesprächsende ein Feedback einholen, z. B.: „Fassen Sie bitte die wesentlichen Punkte zusammen.", „Können Sie noch einmal wiederholen, damit wir sicher sein können, nichts vergessen zu haben?"

Auch Ihr Gesprächsverhalten ist für die Güte der Arbeitsausführung bedeutungsvoll.

Checkliste 30

Anweisungen erteilen		
	Ja	Nein
■ Wissen Sie bei Ihren Anweisungen stets selber genau, was Sie wollen?	☐	☐
■ Sind mehrere Anweisungen zu erteilen, sammeln Sie diese und nehmen nicht wegen jeder einzelnen Sache mit dem Mitarbeiter Kontakt auf?	☐	☐
■ Sind Ihre Anweisungen präzise und eindeutig sowie kurz und knapp formuliert?	☐	☐
■ Sind Ihre Anweisungen so „narrensicher" formuliert, dass sie der Mitarbeiter verstehen muss?	☐	☐
■ Wählen Sie stets einen höflichen, ruhigen und sachlichen Ton?	☐	☐
■ Bestehen Sie auf einer Wiederholung Ihrer Anweisungen, weil Sie Fehlerquellen ausschließen wollen?	☐	☐
■ Erläutern Sie Ihren Mitarbeitern komplizierte Anweisungen mündlich und geben Sie zusätzlich schriftliche Hinweise, dies vor allem, wenn verschiedene Zahlen eine Rolle spielen?	☐	☐
■ Vermeiden Sie bei starker Erregung Anweisungen, weil sich manche Sachverhalte nach Beruhigung und Wiederherstellung Ihres inneren Gleichgewichts in einem anderen Licht darstellen?	☐	☐
■ Erteilen Sie Anweisungen ohne Zwischenstationen?	☐	☐
■ Kontrollieren Sie die Befolgung von Anweisungen in angemessener Form?	☐	☐
■ Vergegenwärtigen Sie sich hin und wieder, dass Sie entsprechend der Qualität Ihrer Anweisungen dafür sorgen, dass der Mitarbeiter rationell und erfolgreich tätig werden kann?	☐	☐

Jedes „Nein" bietet Ihnen die Chance zu einer Verhaltensverbesserung!

Mitarbeiter motivieren

4

Mitarbeiter haben Bedürfnisse, die sie im Rahmen ihrer Arbeit zu befriedigen hoffen. In dem Maße, wie ihre Bedürfnisse erfüllt werden, kann man eine mehr oder weniger hohe Arbeitszufriedenheit erwarten. Diese ist wiederum eine Voraussetzung für ein positives Arbeitsverhalten. Deshalb stellt sich zunächst die Frage, welche Bedürfnisse Menschen haben.

Tatsächlich wirken unendlich viele Motive auf das Verhalten des Menschen ein. Der Motivationspsychologe Maslow entwickelte das Modell einer Bedürfnispyramide, welches die Vielzahl der Motive auf fünf überschaubare Bedürfniskategorien zurückführt.

4

Checkliste 31

Bedürfniskategorien

Stufe 1: Physiologische Bedürfnisse

Allgemein: Essen, Trinken, Schlafen, Geschlechtstrieb, Gesundheit, saubere Umwelt, Luft, Kleidung, Wohnung.

Im Berufsleben: Gesunder Arbeitsplatz, ausreichende Beleuchtung, Klimatisierung, Hilfe bei der Wohnraumbeschaffung, ärztliche Betreuung bei gesundheitsgefährdenden Tätigkeiten, Schutzkleidung, Erholungsurlaub, Pausen und Erholungszeiten, Kantine, Mittagstisch, finanzielles Existenzminimum.

Fortsetzung: Bedürfniskategorien

Stufe 2: Sicherheitsbedürfnisse

Allgemein: Aspekte der materiellen Sicherheit, Bedürfnis nach Stabilität, Schutz, Ordnung, Gesetz, Sicherheit vor Risiken durch Krankheit, Alter oder durch sonstige Fährnisse des täglichen Lebens, soziale Sicherung über Renten-, Krankheits-, Pflege-, Arbeitslosenversicherung, Spezialbestimmungen zum Beispiel Kündigungsschutz-, Mutterschutz-, Arbeitsplatzschutzregelungen.

Im Berufsleben: Sicherheit des Arbeitsplatzes, Einbeziehung von Arbeitnehmervertretungen in Entscheidungsprozesse, betriebliche Altersversorgung, betriebliche Weiterbildung.

4

Stufe 3: Soziale Bedürfnisse

Allgemein: Streben nach Zuneigung, nach Geborgenheit und nach Identifizierung mit der Gruppe.

Im Berufsleben: Stärkung des „Wir-Gefühls" durch Beseitigen von Konflikten in der Arbeitsgruppe, Integration isolierter Mitarbeiter, vertrauensvolle Mitarbeitergespräche, Kommunikation am Arbeitsplatz, kooperativer Führungsstil, rechtzeitige Information der Mitarbeiter über geplante organisatorische Veränderungen, welche die Gruppenzusammengehörigkeit tangieren, Betriebsausflug, Kegelabend der Abteilung – kurzum: ein gutes Betriebsklima.

Stufe 4: Psychologische Bedürfnisse oder „Ego-Needs"

Allgemein: Streben nach Erfolg, Anerkennung, Status, Prestige.

Im Berufsleben: Aufstiegsmöglichkeiten, übertragene Kompetenzen und Verantwortung, Einkommenshöhe (größeres Einkommen, das die eigene Wichtigkeit unterstreicht und die Anerkennung der Firma mit den gezeigten Leistungen verdeutlicht, auch um sich mehr „zu leisten" und damit Anerkennung aus der Umwelt zu erfahren), Anerkennung durch den Vorgesetzten, Beteiligung an betrieblichen Planungen und Entscheidungsfindungen, sog. „Klimbim-Aktionen" zur Statusanhebung (Statussymbole als „Rangabzeichen der Zivilisten"): Größe des Arbeitszimmers, Ausstattung mit Möbeln, Vorzimmer, offizielle Befreiung von festgelegten Arbeitszeiten.

Fortsetzung: Bedürfniskategorien

Stufe 5: Bedürfnisse nach Selbstentfaltung

Allgemein: Streben nach kreativer Eigengestaltung des Lebens.

Im Berufsleben: Erteilung von Entscheidungsbefugnissen, herausfordernde Arbeiten, Selbstkontrolle der Arbeitsergebnisse, Wechsel anspruchsvoller Arbeiten, freie Entscheidung hinsichtlich der Arbeitsdurchführung.

4 Um den Mitarbeiter zu motivieren und sein verstärktes Engagement zu gewinnen, geht es in erster Linie darum, die nicht erfüllten Bedürfnisse zu erkennen. Mit diesem Wissen können Sie ihm Aufgaben übertragen, mit deren Lösung zugleich die Befriedigung eines oder mehrerer persönlicher Bedürfnisse verbunden ist.

Checkliste 32

Unbefriedigte Bedürfnisse erkennen

Beobachten Sie das Arbeits- und Pausenverhalten!
- Werden die gegenwärtigen Aufgaben gut, bereitwillig, möglicherweise mit großem Engagement erfüllt?
- Häufen sich Klagen oder Beschwerden?
- Wie oft fehlt der Mitarbeiter?
- Ist er in die Arbeitsgruppe integriert?
- Wie steht es um seine Belastbarkeit?
- Hält er sich an Pausenregelungen?

Berücksichtigen Sie das Ihnen bekannte Freizeitverhalten des Mitarbeiters!
- Übernimmt er in Gruppen, Vereinen o. Ä. Verantwortung?
- Übt er eine Nebentätigkeit aus?
- Hat er spezielle Interessen auf kulturellem Sektor?
- Wie pflegt er Urlaub zu machen?

Führen Sie offene und vorbehaltlose Mitarbeitergespräche!
Hat Ihnen der Mitarbeiter nicht schon gelegentlich gesagt, was er möchte und welche Ziele ihn im Betrieb ansprechen, so versu-

---

Fortsetzung: Unbefriedigte Bedürfnisse erkennen

chen Sie, dies durch vertrauliche Gespräche herauszufinden. Fragen Sie ihn in freundlicher Atmosphäre nach seinen Erwartungen und Vorstellungen in Bezug auf seinen weiteren beruflichen Werdegang; erkunden Sie seine Wünsche.

Erwägen Sie eine Mitarbeiterbefragung!
Zeigen Sie Mut und Souveränität, indem Sie das Maß der Zufriedenheit durch eine Mitarbeiterbefragung erkunden. Hierfür können Sie den der jeweiligen Situation angepassten Fragebogen in Checkliste 63 verwenden.

4

Auf der Basis der erkannten unbefriedigten Bedürfnisse überlegen Sie, mit welchen Möglichkeiten und Mitteln, mit welchen Anreizen Sie diese Bedürfnisse befriedigen können.

Sie stellen dem Mitarbeiter das Befriedigen seines defizitären Bedürfnisses in Aussicht, wenn er ein bestimmtes von Ihnen gewünschtes Verhalten zeigt.

Hat der Mitarbeiter dieses Soll erfüllt, werden Sie Ihr Versprechen einlösen und damit den Motivationsprozess mit Erfolg für alle Beteiligten abschließen:

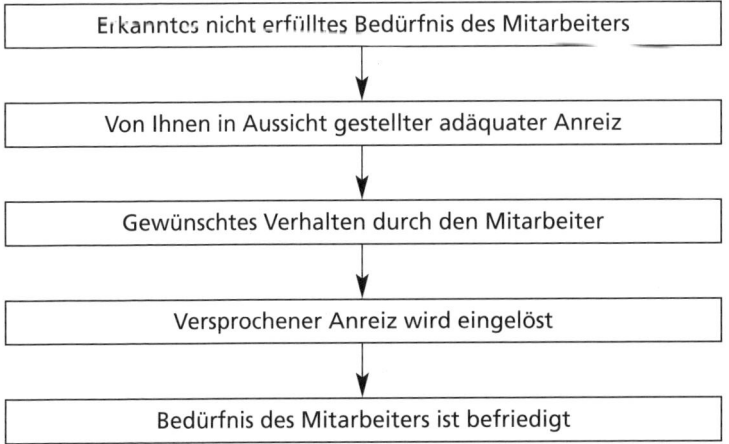

Erkanntes nicht erfülltes Bedürfnis des Mitarbeiters

Von Ihnen in Aussicht gestellter adäquater Anreiz

Gewünschtes Verhalten durch den Mitarbeiter

Versprochener Anreiz wird eingelöst

Bedürfnis des Mitarbeiters ist befriedigt

Nicht alle Bedürfnisarten sind für Zwecke der Motivation von gleicher Bedeutung:

- **Anspornfaktoren**
  (Motivatoren/Zufriedenheitssteigerer) bewirken eine dynamische, immer wiederkehrende positive Spannung und Herausforderung, weil sie das Erlebnis von Anerkennung, Erfolg, Selbstbestätigung und Selbstverwirklichung hervorrufen. Sie führen zu einer positiven Veränderung des Leistungsverhaltens, weil der Mitarbeiter eine Befriedigung direkt aus seiner Arbeit erfährt

4

- **Hygienefaktoren**
  (Stabilitätsfaktoren/Unzufriedenheitsvermeider)   verhindern Unzufriedenheit – beugen vor –, bewirken aber weder Befriedigung noch Engagement (Status quo bleibt erhalten)

	Anspornfaktoren = Herausforderung durch die Arbeit selbst	**Hygienefaktoren** = Begleitumstände aus der Arbeit
fehlen	Keine Befriedigung aus der Arbeit	Unzufriedenheit mit der Arbeit
vorhanden	Zufriedenheit mit der Arbeit	Keine Unzufriedenheit mit der Arbeit (Zustand der Neutralität)

Checkliste 33

Ansporn- und Hygienefaktoren

Anspornfaktoren
- Entscheidungsräume, die zu einer selbstständigen Bearbeitung von ganzen Arbeitsvorgängen führen und damit eine eigenverantwortliche Handlungsweise zulassen
- Erhöhung des Anteils selbstständiger Arbeit
- Beförderung

Fortsetzung: Ansporn- und Hygienefaktoren

- Besonders gute Ergebnisse bei der Arbeit
- Übertragung von mehr Verantwortung
- Anerkennende Äußerungen des Vorgesetzten über betriebliche Leistungen des Mitarbeiters
- Neue Aufgaben, die besonders interessant sind
- Herausfordernde Arbeiten
- Einbeziehen in übergreifende Entscheidungen des Vorgesetzten
- Gehaltserhöhung oder leistungsbezogene Einmalzahlung als Ausdruck der besonderen Zufriedenheit des Vorgesetzten mit den gezeigten Leistungen

Hygienefaktoren
- Tarifliche Gehaltserhöhung und gerechte Entlohnung
- Einführung einer kürzeren Wochenarbeitszeit
- Einführung und Verbesserung von Sozialleistungen
- Sicherheit des Arbeitsplatzes
- Angemessener Status im Betrieb
- Gutes Verhältnis zum Vorgesetzten und zu Kollegen
- Abbau von Konflikten am Arbeitsplatz
- Gerechte und angemessene Behandlung durch den Vorgesetzten
- Wirtschaftliche und humane Unternehmenspolitik

4

Jeder Mitarbeiter möchte unbefriedigte Bedürfnisse realisiert sehen. Da nur in seltenen Fällen Bedürfnisbefriedigung ohne eigenes Zutun eintritt, setzt der Mitarbeiter Energie ein und zeigt ein (in seinen Augen) der Bedürfnisbefriedigung dienendes Verhalten.

Was geschieht nun, wenn trotz der investierten Energie und des gezeigten Verhaltens der Mitarbeiter am Erreichen des Zieles durch eine Barriere gehindert wird? Die Bemühungen des Mitarbeiters um Bedürfnisbefriedigung erweisen sich als „vergeblich" (lat.: frustra). Eine erste Frustration wird eher zur Leistungsverstärkung nach dem Motto: „Jetzt erst recht!" führen. Wird jedoch die individuell unterschiedliche Frustrationstoleranz überschritten, setzen als Reaktionen die Abwehrmechanismen ein.

Checkliste 34

Wesentliche Abwehrmechanismen bei Frustration

Direkte Aggression
Noch vorhandene Energien richten sich gegen den „Schuldigen", also gegen den, der die Frustration ausgelöst hat.

Indirekte, verschobene Aggression
Die Frustration wird an Unbeteiligten abreagiert.

Kompensation
Im Betrieb versagte Selbstbestätigung/Erfolgserlebnisse werden an einem anderen Ort gesucht. Statt des eigentlichen Zieles versucht der Frustrierte ein Ersatzziel zu verwirklichen.

Restriktion
Hier zeigt der Mitarbeiter eine früheren Entwicklungsphasen entsprechende Verhaltensweise oder begibt sich in eine emotionale Isolierung (z. B. „Schmollwinkel").

Konversion
Manche Mitarbeiter, die häufiger Misserfolgserlebnisse verbuchen, reagieren mit „chronischen Kampfreaktionen": Sie wirken pessimistisch, launisch, leidend, nörgelnd. Zuweilen treten sie auch die „Flucht in die Krankheit" an.

Rationalisierung
Der Mitarbeiter führt Scheinargumente ins Feld, um den eigenen Misserfolg zu entschuldigen und als unbedeutend sich selbst und anderen gegenüber darzustellen.

Ein aufmerksamer und mit sozialer Sensibilität ausgestatteter Vorgesetzter wird bemerken, wenn ein Mitarbeiter Verhaltensweisen zeigt, die Abwehrmechanismen darstellen. Da Leistungsverhalten und Arbeitsklima durch Frustrationen Schaden erleiden, wird sich der Vorgesetzte bemühen, das Frustrationsmotiv zu erkennen. Besteht zwischen dem Vorgesetzten und dem Mitarbeiter eine vertrauensvolle Basis, wird die Ursache der Frustration im Rahmen eines Mitarbeitergesprächs ermittelt. Treten beeinflussbare Faktoren zutage, sorgt der Vorgesetzte – soweit dies in seinen Kräften steht – für eine Verbesserung der Situation.

Richtig delegieren

5

Checkliste 35

Motive für eine verstärkte Delegation	Ja	Nein
■ Möchten Sie sich von manchen Aufgaben entlasten, die auch von Ihren Mitarbeitern ausgeführt werden könnten?	☐	☐
■ Wollen Sie durch eine Aufgabenbereicherung die Motivation Ihrer Mitarbeiter verstärken?	☐	☐
■ Sind Sie daran interessiert, das Fähigkeitspotenzial Ihrer Mitarbeiter besser zu nutzen?	☐	☐
■ Betrachten Sie es als wichtige Aufgabe, Selbstständigkeit, Initiative und Kompetenz Ihrer Mitarbeiter zu fördern und zu entwickeln?	☐	☐
■ Wollen Sie schnellere und bessere Entscheidungen auf den richtigen Ebenen ermöglichen?	☐	☐
■ Möchten Sie eine Risikominderung für den Fall erreichen, dass Sie durch unvorhergesehene Ereignisse plötzlich ausfallen?	☐	☐

Bereits eine „Ja"-Antwort genügt, dass Sie sich mit dem Thema „Delegation" näher beschäftigen sollten.

Checkliste 36

Was kann, was darf nicht delegiert werden?

Was kann delegiert werden?
- Routineaufgaben
- Spezialistentätigkeiten
- Detailfragen
- Vorbereitende Arbeiten für Entscheidungen (z. B. Informationsbeschaffung/Informationsanalyse)

Fortsetzung: Was kann, was darf nicht delegiert werden?

Was darf nicht delegiert werden?
- Führungsaufgaben
  (z. B. Zielvereinbarung, Entscheidung, Kontrolle)
- Außergewöhnliche Fälle
  (wichtige Aufgaben von großer Tragweite und/oder hohem
  Risikoanteil sowie akute, eilige Aufgaben)
- Vertrauliche Angelegenheiten
- Sicherheitsrelevante Angelegenheiten

Checkliste 37

5

Ihr Vorgehen

- Sie notieren über mehrere Tage Ihre derzeitigen Tätigkeiten nach den Aspekten Inhalt, zeitlicher Umfang, Schwierigkeitsgrad, Dringlichkeit und Häufigkeit und ermitteln damit den Ist-Zustand.

- Sie streichen die aufgelisteten Tätigkeiten, die Sie nicht delegieren dürfen. Sie stellen so die delegierbaren Aufgaben fest.

- Sie legen fest, an wen Sie delegieren wollen. Hierbei berücksichtigen Sie:
  - sachlich-organisatorische Gegebenheiten
  - mögliche tarifrechtliche Auswirkungen
  - die gerechte Auslastung Ihrer Mitarbeiter (Delegieren Sie nicht nur an Mitarbeiter, die widerspruchslos Zusätzliches annehmen, sondern auch an jene, die bei Aufgabenerweiterungen vornehme Zurückhaltung üben.)
  - die fachliche Kompetenz und die Motivation des Mitarbeiters, an den Sie delegieren wollen

- Sie sorgen dafür, dass der Mitarbeiter erforderlichenfalls das notwendige Know-how für die zu delegierende Aufgabe erwirbt.

- Sie sehen möglichst eine dauerhafte Delegation vor.

- Sie delegieren möglichst Aufgabenkomplexe.

- Sie delegieren nicht nur unangenehme, mühsame, konflikträchtige Aufgaben.

Fortsetzung: Ihr Vorgehen

- Sie besprechen mit dem Mitarbeiter frühzeitig die vorgesehene Delegation und stellen ihm seine gestiegene Bedeutung dar.

  Bereiten Sie sich auf dieses Gespräch mit der Checkliste 38 vor.

- Sie versorgen den Mitarbeiter mit den notwendigen Informationen.

- Sie vergessen trotz der durchgeführten Delegation Ihre Kontrollpflichten (vorrangig Stichprobenkontrollen) nicht.

- Sie geben dem Mitarbeiter für die delegierte Aufgabe auch die Zeichnungsbefugnis.

- Sie gestehen dem Mitarbeiter die erforderliche Umstellungszeit zu.

- Sie lassen keine Rückdelegation zu (siehe Checkliste 39).

- Sie sorgen mit organisatorischen Maßnahmen für eine offizielle Abgrenzung der Zuständigkeitsbereiche (z. B. Stellenbeschreibungen aktualisieren).

- Sie sehen eine Nachbesprechung (siehe Checkliste 40) vor.

Checkliste 38

Ihre Fragen für das Delegationsgespräch

- Konnte ich den Mitarbeiter frühzeitig in das Delegationsvorhaben einbeziehen und hatte er ausreichend Gelegenheit, eigene Vorstellungen einzubringen?

- Wie kann ich dem Mitarbeiter überzeugend die Bedeutung der vorgesehenen Delegation herausstellen?

- Wird sich der Mitarbeiter nach der von mir geäußerten Wertschätzung seiner Person/seines Potenzials motiviert der zu übertragenden Aufgabe zuwenden?

- Welche Ziele sind mit dem Mitarbeiter zu vereinbaren?

- Ist die Abgrenzung der delegierten Aufgabe zu den mir obliegenden Aufgaben (z. B. was sind außergewöhnliche Fälle?) eindeutig und verständlich?

Fortsetzung: Ihre Fragen für das Delegationsgespräch

- Weiß der Mitarbeiter, dass ich weiterhin meinen Kontroll-pflichten nachkommen und Aufgaben- und Kompetenzüber-schreitungen entgegentreten werde?

- Auf welchen Wegen will der Mitarbeiter die vereinbarten Ziele erreichen?

- Sind die erforderlichen Fertigkeiten und Kenntnisse für die neue Aufgabe in vollem Umfang vorhanden? Oder gibt es Defizite, die zunächst auszugleichen sind?

- Erscheinen dem Mitarbeiter die vorgesehenen Kompetenzen ausreichend?

- Sieht der Mitarbeiter Punkte, an denen er auf besondere Un-terstützung von mir oder von Dritten angewiesen ist?

- Benötigt der Mitarbeiter sonstige Ressourcen für die zu dele-gierende Aufgabe (z. B. zusätzliches Personal, vergrößertes Budget, weitere technische Hilfsmittel)?

- Hat der Mitarbeiter den Eindruck, dass er genügend Informa-tionen über die neue Situation besitzt?

- Mit welchen Schwierigkeiten und Risikofaktoren ist zu rech-nen, und was kann ich vorbeugend tun, dass es gar nicht erst zu Problemen kommt?

- Sieht der Mitarbeiter einen Bedarf an weiteren organisatori-schen Veränderungen?

- Kann der Mitarbeiter mit der vorgesehenen Delegation le-ben? Welches Gefühl hat er hierbei?

5

Achtung: Manche Mitarbeiter schieben Unangenehmes aus Grün-den der Risikominderung oder Rückversicherung dem Vorgesetz-ten wieder zu, indem sie nichts ohne Rücksprache und Zustim-mung des Vorgesetzten unternehmen. Damit höhlen Sie das Prinzip der Delegation aus.

Checkliste 39

Rückdelegation vermeiden

- Lassen Sie sich nicht zum Eingreifen provozieren, wenn Sie nicht die eine Delegation begründenden Motive (siehe Checkliste 35) beiseite schieben wollen.

- Widerstehen Sie jeder Regung, Rückdelegation zuzulassen, selbst wenn Ihnen der Mitarbeiter „Honig ums Maul schmiert" („Sie verfügen über ein ausgezeichnetes Verhandlungsgeschick.") oder wenn der Zeitaufwand zur Abwehr der Rückdelegation größer ist als für die Erledigung der an Sie herangetragenen Aufgabe.

- Wohlmeinende Ratschläge wie
  - „Bevor etwas falsch läuft, klären Sie das erst mit mir ..."
  - „Lassen Sie uns gemeinsam abwägen und entscheiden ..."
  - „Wenn Sie eine Entscheidung benötigen, bin ich für Sie da ..."
  streichen Sie aus Ihrem Repertoire, denn sie signalisieren Ihre Bereitschaft zur Annahme von Rückdelegation.

- Sie verweigern Antworten und stellen Fragen:
  - „Was schlagen **Sie** vor?"
  - „Welche Alternativen haben **Sie** überlegt?"
  - „Was bietet sich an, damit **Sie** die Aufgabe erfüllen und eine Entscheidung treffen können?"

- Erforderlichenfalls gehen Sie mit dem Mitarbeiter die zur Entscheidung notwendigen Informationen durch, lassen den Mitarbeiter aber anschließend selbst entscheiden.

- Vorsorglich werden Sie den zur Rückdelegation neigenden Mitarbeiter häufiger kontrollieren und ihm dabei so oft wie möglich bestätigen, dass er seine Entscheidungen sachgerecht getroffen hat (Grundsatz der positiven Verstärkung).

- Bevor ein größerer Schaden entsteht, lassen Sie Rückdelegation nur ausnahmsweise zu, wenn Sie zu der wohl begründeten Auffassung gelangen, dass der Mitarbeiter hinsichtlich der Arbeitsmenge überlastet oder von seiner persönlichen Eignung her überfordert ist.

Sucht Sie ein Mitarbeiter mit einem Problem auf, achten Sie darauf, dass er das Problem bei Gespächsende wieder mitnimmt. So managen Sie Ihren Mitarbeiter – bei Rückdelegation managt der Mitarbeiter Sie und Sie werden zum besten Mitarbeiter Ihres Mitarbeiters!

Checkliste 40

Nachbesprechung

- Wie ist Ihrer Meinung nach die Delegation bisher gelaufen?
- Was ist Ihnen bei der neuen Aufgabe sowohl positiv als auch negativ aufgefallen?
- Hatten Sie das Gefühl, dass ich mich – ohne es zu merken – zu häufig eingemischt habe?
- Erwiesen sich die anfänglich vereinbarten Ziele als realistisch?
- Was lief schief? Was taten Sie, um die Arbeit dennoch zufriedenstellend zu erledigen?
- Lässt sich Ihr gesamtes Arbeitspensum in der zur Verfügung stehenden Zeit erledigen?
- Stehen Ihnen alle für die Aufgabenerledigung erforderlichen Hilfsmittel zur Verfügung?
- Sind Unklarheiten in den Kompetenzregelungen aufgetreten? Haben Mitarbeiter und Kollegen die Neuregelung akzeptiert?
- Traten sonstige Probleme zutage, die wir anfangs übersahen?
- Verfügen Sie über genügend Informationen, um diese Aufgabe langfristig erfolgreich durchzuführen?
- Welche Vorschläge haben Sie zur Verbesserung des Arbeitsablaufs bei der delegierten Aufgabe?
- Welche Mittel und Wege können wir zur Beseitigung festgestellter Mängel nutzen?
- Sind Sie nach Ihren bisherigen Erfahrungen auch künftig bereit, weitere Aufgaben mit Kompetenzen und Verantwortung zu übernehmen?

5

Checkliste 41

Undiplomatische Verhaltensweisen

- Sie bauen den Mitarbeiter nicht auf, sondern lassen Ihre Zweifel an seinen Fähigkeiten und Grenzen erkennen.

- Sie mischen sich in alles ein und schauen dem Mitarbeiter ständig über die Schulter, anstatt sich nur dann einzuschalten, wenn es absolut notwendig ist.

- Sie greifen auch dann nicht ein, wenn offenkundig wird, dass der Mitarbeiter aus zeitlichen oder eignungsmäßigen Gründen die Arbeit beim besten Willen nicht schaffen kann.

- Sie verteilen häufig unerbetene väterliche Ratschläge, die aus Ihrer Sicht zwar „wirklich gut gemeint" sind, bei denen sich Ihr Mitarbeiter jedoch bevormundet fühlt.

- Sie geben keinen Wohlwollensvorschuss, sondern lassen sogleich Ihre Skepsis erkennen, wenn der Mitarbeiter mit eigenen Methoden zu arbeiten beginnt.

- Sie akzeptieren die Rückdelegation und „hängen sich voll rein".

- Sie lassen den Mitarbeiter bewusst in für Sie erkennbare Fallen tappen, denn „aus Erfahrung wird man klug".

- Sie zeigen keine Geduld bei Anlaufschwierigkeiten.

- Sie ziehen intensiv die Kontrollschraube an.

- Sie setzen den Mitarbeiter unter Druck, indem Sie vom ersten Tag an „pingelig" auf einer perfekten Aufgabenerledigung bestehen.

- Sie geben dem Mitarbeiter bei anfänglichen Erfolgen keine Anerkennung, denn „schließlich wird der Mitarbeiter für gute Arbeit bezahlt".

- Sie machen auch die geringsten Fehler des Mitarbeiters zum Inhalt intensiver und zeitaufwendiger Kritikgespräche.

- Sie bedanken sich nicht bei dem Mitarbeiter für sein kooperatives Mitwirken am gesamten Delegationsvorgang, sondern betrachten dies als Selbstverständlichkeit.

Gruppenarbeit steuern

6

Checkliste 42

Vorteile von Gruppenarbeit

- Leistungsüberlegenheit der Gruppe bei
  - Kraftanwendung (z. B. beim Pyramidenbau, beim Tauziehen),
  - Urteilsbildung (Einsatz von Ausschüssen, Arbeitskreisen und Kommissionen zur Sammlung und Verarbeitung von Informationen),
  - Problemlösung (vor allem, wenn es auf möglichst viele verschiedene Lösungen ankommt).

- Verhaltensstabilisierung durch die Gruppe

  (Je häufiger Mitarbeiter miteinander in Verbindung treten, desto mehr gleichen sich ihre Gefühle und Aktivitäten an. Durch Gruppendruck werden Abweichungen von Gruppennormen verhindert, so dass der Vorgesetzte nicht immer regelnd einzugreifen braucht).

- Verbesserung der Motivation

  (Die Gruppenzugehörigkeit vermittelt ein Gefühl der Sicherheit; das Gefühl dazuzugehören wird befriedigt).

- Statistischer Vorteil des Fehlerausgleichs.

- Die individuellen Hilfsmittel werden besser genutzt.

- Persönliche Probleme werden besser geklärt, da Gruppen auf die Bedürfnisse ihrer Mitglieder Rücksicht nehmen.

- Durch Beteiligung stimmen dem endgültigen Gruppenentschluss mehr Gruppenmitglieder zu und setzen sich auch stärker für die Durchführung der beschlossenen Maßnahme ein.

- Entscheidungen können besser auf ihre Realitätsnähe überprüft werden, so dass auch ihre Belastbarkeit größer ist.

Arbeitsgruppen entwickeln Eigengesetzlichkeiten und ein spezielles Innenleben, von denen die Stimmung in der Gruppe, das Konfliktpotenzial, die Zusammenarbeit und die Aufgabenerledigung abhängen.

Checkliste 43

Nachteile von Gruppenarbeit

- Gruppenarbeit kann zeitaufwendiger sein als Einzelarbeit.
- Gruppen sind in ihrer Arbeit oft schwerfälliger.
- Gruppenarbeit kann zu einer Verzögerung der Entscheidungsfindung führen.
- Gefahr des Gruppengeistes (elitäres Denken), der die Gefahr des Gruppenegoismus („Ressortdenken") fördert.
- Gruppen neigen zu riskanteren Lösungen und verlieren leichter die Realität aus den Augen.
- Gruppennormen („Untergrundgesetze" nach dem Motto: Bei uns ist es üblich ...) können sich als hinderlich zum Erreichen betrieblicher Ziele erweisen.
- Manche Mitarbeiter arbeiten lieber allein und leisten dann mehr; die Gruppe beengt sie.

6

Checkliste 44

Die richtige Zusammensetzung von Arbeitsgruppen

- Gruppenmitglieder sollten zusammenpassen (Sympathie-, Antipathiebeziehungen, leistungsmäßige Unterschiede beachten). Das Gruppenklima hat für die Arbeitsergebnisse eine entscheidende Bedeutung. Am wenigsten leistungsfähig sind Arbeitsgruppen, in denen feindselig-ablehnende Beziehungen vorherrschen.

- Bei der personellen Zusammensetzung sind zu beachten:
  - Individuelle Fähigkeiten und Fertigkeiten (Know-how)
  - Leistungsbereitschaft (das „Wollen", die Motivation)
  - gegenseitige Einstellungen (Wie stehen die Mitarbeiter zueinander? Wie sind die zwischenmenschlichen Beziehungen?)
  - Alter und Geschlecht
  - der individuelle Arbeitstyp (Teamarbeiter oder „Einzelkämpfer"?)
  - die effektiven Leistungen der einzelnen Gruppenmitglieder

Fortsetzung: Die richtige Zusammensetzung von Arbeitsgruppen

- Neu gebildete Gruppen sind zu Beginn intensiv zu beobachten, um möglichst frühzeitig Fehlentwicklungen zu erkennen.
- Der Vorgesetzte als formeller Führer sollte
  - beruflich tüchtig sein (fachliche Autorität besitzen)
  - zur Arbeitssituation positiv eingestellt sein
  - ein gutes Verhältnis zu den Gruppenmitgliedern haben (persönliche Autorität besitzen)
  - sich mit den Gruppenzielen identifizieren

Soll eine neu gebildete Arbeitsgruppe effektiv arbeiten, kann nicht erwartet werden, dass sie sogleich vorzügliche Arbeit leistet. Zunächst bedarf es einiger Zeit, bis sich die Mitglieder der Arbeitsgruppe aufeinander eingestellt haben.

6

Checkliste 45

Gruppenentwicklung

Formierungsphase
In dieser „Phase des Aufbruchs" stehen einerseits Unsicherheit, Suche nach Orientierung, Angst und Befürchtungen und andererseits positive Erwartungen der Gruppenmitglieder im Mittelpunkt, so zum Beispiel:
- Wie werden wir in Zukunft zusammenarbeiten?
- Welche Aufgaben kommen auf uns zu?
- Wie wird sich das Verhältnis zum Vorgesetzten einspielen?
- Was passiert, wenn sich ein Gruppenmitglied verweigert und einen Gruppenbeschluss unterläuft?

Konfliktphase
Die Gruppenmitglieder „raufen sich zusammen" und finden Formen der Zusammenarbeit, die dem Anspruch auf Kooperation genügen und allen Gruppenmitgliedern gerecht werden. Interne Gruppenbeziehungen werden strukturiert und eine innere Gruppenhierarchie nach den Kriterien Können und Sympathie hergestellt. Hierbei werden Rang, Status und Macht neu verteilt.

Fortsetzung: Gruppenentwicklung

Normierungsphase
Erst jetzt wendet sich die Gruppe gezielt der Klärung von Sach-problemen zu, wobei zunächst solche Aspekte im Vordergrund stehen, die mit den unmittelbaren Aufgaben zu tun haben:
- Wer übernimmt welche Arbeiten?
- Welche Schritte sind in welcher Reihenfolge anzugehen?
- Wo sieht die Gruppe Ansatzpunkte für die Verbesserung der Produktqualität, einer Optimierung von gruppeninternen Ar-beitsabläufen?
- Wie lassen sich der Erfolg und die Entwicklung der Arbeits-gruppe beobachten und nach außen transparent machen?

Arbeitsphase
Die Arbeitsgruppe präsentiert sich als geschlossene Einheit, die gemeinsam ihre Entscheidungen trifft und vertritt, Verbesse-rungsvorschläge als Gruppenvorschläge einbringt und damit be-ginnt, selbstständig nach Zielvereinbarung zu arbeiten.

6

Unter den Mitgliedern einer Gruppe kristallisieren sich bestimm-te typische Verhaltensweisen heraus. Die Gruppenmitglieder übernehmen soziale Rollen, wobei individuelle Eigenarten bei der „Rollenbesetzung" mitspielen.

Checkliste 46

Soziale Rollen in der Arbeitsgruppe

Der Außenseiter (ist es freiwillig)
Aufgrund eigener Entscheidung hält sich der Außenseiter von anderen Gruppenmitgliedern und deren Aktivitäten (z. B. ge-meinsames Kaffeetrinken, monatlicher Stammtisch, Betriebsaus-flug) fern. Er lehnt von sich aus das Gruppenleben ab, da er es für sich aufgrund seiner Persönlichkeitsstruktur oder sozialer Unfä-higkeit als wenig lohnend empfindet („Einsiedlertyp"). So nimmt er innerhalb der Gruppe eine Randposition mit geringen Bezie-hungen zu den übrigen Gruppenmitgliedern ein. Es besteht die Gefahr, dass aus dem Außenseiter leicht ein Sündenbock wird.

Fortsetzung: Soziale Rollen in der Arbeitsgruppe

Der Sündenbock (wird dazu „gemacht")
Persönlichkeitseigenschaften, außergewöhnliche Verhaltensweisen (z. B. sehr anmaßende Mitarbeiter, „Streber"), körperliche Besonderheiten, ungewöhnliche/ausgefallene Interessen, die nicht zu denen der Gruppe passen, können zur Ablehnung führen. Der Sündenbock personifiziert sozusagen all das Unerfreuliche, das es in der Gruppe gibt. So dient er der Gruppe als „Blitzableiter" für Frustrationen jeglicher Art, wobei es unerheblich ist, ob dem Sündenbock objektiv ein Verschulden anzulasten ist oder nicht.

Der Mitläufer/Mitschwimmer
Mitläufer oder Mitschwimmer benehmen sich relativ unauffällig und halten sich vorwiegend im Hintergrund. Sie fallen weder durch extreme noch durch provozierende Verhaltensweisen auf, so dass sie weder besonders positive noch negative Wertschätzung durch die anderen Gruppenmitglieder erfahren. Mitläufer schließen sich bei direkter Befragung häufig einer bereits formulierten Meinung an.

Der informelle Führer
Die betriebliche Zusammenarbeit bringt es mit sich, dass in einer Arbeitsgruppe Beziehungen aufgebaut werden, die häufig dazu führen, dass ein Gruppenmitglied von den anderen entweder im fachlichen oder im persönlichen Bereich vorrangig anerkannt wird. Die Mehrzahl der Gruppenmitglieder entwickelt zu dieser Person ein besonderes Vertrauensverhältnis. Die übrigen Mitarbeiter richten sich in ihrem Verhalten an diesem als informellen Führer bezeichneten Gruppenmitglied aus, der informelle Führer „hat das Sagen" in der Gruppe.

Oft ist er an einigen Charakteristika zu erkennen:
- Er meldet sich häufiger zu Wort als andere Gruppenmitglieder.
- Er versteht sich mündlich besser als die meisten Gruppenmitglieder auszudrücken.
- Er spricht für die Gruppe („Wir sind der Meinung ...").
- Er fühlt sich für das Gruppengeschehen verantwortlich.
- Er wird von der Gruppe als Sprecher akzeptiert.
- Er steht erkennbar im Vordergrund (gelegentlich tritt ein Wortführer in den Vordergrund, während der informelle Führer als Drahtzieher im Hintergrund wirkt).

Zur Gruppenpflege des Vorgesetzten gehört, dass er versucht, die Beziehungen zwischen den Gruppenmitgliedern in positiver Weise aufzubauen und zu erhalten.

Checkliste 47

Gruppenpflege betreiben

Außenseiter
- informieren, da er vom informellen Kommunikationssystem abgeschnitten ist.
- Dem Mitarbeiter seinen Willen lassen und ihn nicht „mit Gewalt" an Gruppenaktivitäten beteiligen.
- Status quo belassen, solange die Arbeit darunter nicht leidet.

Sündenbock
- Ursachen des Konflikts herausfinden und möglichst abstellen.
- Übrigen Gruppenmitgliedern gegenüber die Stärken des Sündenbocks herausstellen.
- Kontakt verstärken.
- Situation mit den übrigen Gruppenmitgliedern besprechen.
- Den Sündenbock stützen und schützen.
- Mit wichtigen und gut von ihm zu erledigenden Aufgaben betrauen.

Mitläufer/Mitschwimmer
- Informieren, einbeziehen, beteiligen.

Informeller Führer
- Eigene Sympathiehemmer erkennen, Kontakt aufbauen.
- Mitarbeitergespräche führen, sich dem informellen Führer keinesfalls verschließen.
- Informieren, einbeziehen, mitplanen – aber nicht mitentscheiden – lassen.
- Nicht vor der Gruppe blamieren.
- Bei unterschiedlichen Auffassungen auf einen Konsens hinarbeiten.
- Bei Abweichungen Folgen seines Verhaltens mit ihm besprechen.
- Nur wenn sich der informelle Führer permanent in Opposition befindet: Trennung.

6

Checkliste 48

Zusammenarbeit Ihrer Arbeitsgruppe	Ja	Nein
■ Die Atmosphäre innerhalb der Arbeitsgruppe ist entspannt und kollegial, alle zeigen Interesse und Engagement.	☐	☐
■ Jeder ist bereit, sein Know-how einzubringen. Deshalb sind rege Diskussionen an der Tagesordnung. Probleme werden dabei nicht aus den Augen verloren.	☐	☐
■ Konflikte werden nicht „unter den Teppich gekehrt", sondern sozialverträglich von der Gruppe gelöst.	☐	☐
■ Man hört einander zu, ermutigt und unterstützt die eher zurückhaltenden Gruppenmitglieder, ihre Vorstellungen darzulegen.	☐	☐
■ Die Mitarbeiter sind nicht bereit, zur Aufrechterhaltung der Gruppenharmonie schlechte Lösungen zu unterstützen oder faule Kompromisse einzugehen.	☐	☐
■ Entscheidungen werden regelmäßig durch Übereinstimmung erzielt, nicht durch Abstimmung.	☐	☐
■ Wenn Kritik geübt wird, dann wird diese sachlich, begründet und konstruktiv vorgetragen.	☐	☐
■ Freie Meinungsäußerung in der Arbeitsgruppe ist selbstverständlich; jeder arbeitet zielorientiert ohne störendes Dominanzverhalten mit.	☐	☐
■ Werden Aktivitäten beschlossen, folgt ein unmissverständlicher Aktionsplan, der von allen akzeptiert und nicht torpediert wird.	☐	☐
■ Die Gruppe versucht auch, Schwachstellen personeller oder sachlicher Art zu beseitigen, indem offen hierüber gesprochen wird.	☐	☐

6

Mitarbeiterbesprechungen leiten

7

Mitarbeiterbesprechungen dienen der

■ Information (Austausch von Informationen und Meinungen)

■ Schlichtung/Koordination (verschiedene Meinungen schlichten und auf einen gemeinsamen Nenner bringen)

■ Problemlösung (Probleme optimal bewältigen)

■ Entscheidungsvorbereitung (eine bestimmte Angelegenheit so oder so entscheiden müssen)

Übergeordnetes Ziel: Verbesserung des Wirkungsgrads der Gruppe/des Teams und Stärkung der Gruppenzusammengehörigkeit („WIR-Gefühl").

Mangelt es an einer guten Vorbereitung, Durchführung und Auswertung, begegnen uns immer wieder drei Vorwürfe: Ergebnislosigkeit, Langeweile und Zeitverlust. Bevor Teilnehmer zu dem Schluss gelangen „Die Besprechung kam mir länger vor als der letzte Winter." oder „Es ging aus wie das Hornberger Schießen.", sollten Sie angesichts erheblicher Personalkosten zunächst das Erfordernis einer Mitarbeiterbesprechung prüfen.

7

Checkliste 49

Wann eine Besprechung erforderlich ist
■ Gibt es ökonomischere Alternativen (E-Mail, Intranet, Telefon-, Videokonferenz, Einzelgespräche), mit Hilfe derer eine Besprechung wirkungsvoller, zeitsparender und kostengünstiger ersetzt werden kann?
■ Sind die Themen für eine Mitarbeiterbesprechung geeignet?
■ Sind auch Änderungen personeller oder technischer Art zu erörtern, an denen die Betroffenen frühzeitig beteiligt werden sollten („einschwören")?
■ Liegt eine noch gültige Grundsatzentscheidung der Geschäftsführung vor, von der ausgehend Sie allein entscheiden können?
■ Handelt es sich um eine Routinebesprechung, die überhaupt noch oder in der gegenwärtigen Zeitfolge erforderlich ist?
■ Was geschieht, wenn die Mitarbeiterbesprechung ausfällt?

Sind Sie zu dem Schluss gekommen, dass die Vorteile einer Mitarbeiterbesprechung überwiegen, sorgen Sie für eine gründliche Vorbereitung.

Checkliste 50

Mitarbeiterbesprechung vorbereiten

Themen formulieren und gliedern
Um Teilnehmer frühzeitig zu aktivieren, sollte bei der Themenfestlegung die Frageform gewählt, Handlungswörter verwendet und in der Wir-Projektion formuliert werden (z. B.: Wie können wir das Bildungsangebot unseres Instituts ausweiten?).

Stoff zu den Themen sammeln
Studieren Sie zu den Themen das „Basismaterial" und stellen Sie rechtzeitig zusätzliche Informationen zusammen.

Dauer, Beginn und Ende festlegen
Möglichst nicht mehr als eineinhalb bis zwei Stunden vorsehen, weil längere Zusammenkünfte im Regelfall zäh und unproduktiv sind. Besonders empfehlenswert ist der Zeitraum von 9 bis 12 Uhr.

Pausen einplanen
Nach je 45 Minuten Besprechung eine kurze Pause einschieben. Gibt es keine Pausen, genehmigen sich die Teilnehmer kurze inoffizielle Pausen durch Abschalten.

Anzahl der Teilnehmer festlegen
Für einen intensiven Gedankenaustausch sollten fünf bis neun Teilnehmer anwesend sein.

Teilnehmer auswählen
Die Teilnehmer sollten über das erforderliche Sachwissen oder begründbare Meinungen verfügen und zur Teamarbeit bereit sein.

Besprechungsraum bestimmen
Möglichst nicht im Chefzimmer oder unter freiem Himmel, sondern in einem zentral gelegenen Raum, in dem man ungestört (kein Telefon!) ist.

7

Fortsetzung: Mitarbeiterbesprechung vorbereiten

Teilnehmer rechtzeitig einladen
Die Einladung enthält die zu behandelnden Themen, Hinweise auf mitzubringende Unterlagen, Aufforderungen zu bestimmten sachlichen Vorbereitungen sowie Nennung der Teilnehmer, die zu einzelnen Themen Kurzvorträge halten.

Günstige Tisch- und Sitzordnung vorsehen
Es bietet sich ein rechteckiger Tisch an, der weder zu schmal noch zu breit ist. Sitzgelegenheiten möglichst mit Armlehnen, wobei der Abstand 80 bis 100 cm betragen sollte.

Visualisierungsmöglichkeiten frühzeitig bedenken
Durch Einsatz von Visualisierungsmöglichkeiten (Flipchart, OH-Projektor, Notebook und Beamer, Kärtchen u. Ä.) lassen sich Anschaulichkeit, Gedächtnishaftung und Aufmerksamkeit verstärken („Ein Bild ist tausend Worte wert!").

Protokollführung klären
Da Besprechungsergebnisse prinzipiell festzuhalten sind, ist zu entscheiden, wer Protokoll führen soll oder ob die Ergebnisse sogleich auf Band gesprochen werden.

7

Wichtig: Sämtliche Vorbereitungsarbeiten können Sie auch delegieren.

Checkliste 51

Mitarbeiterbesprechung durchführen

- Sie eröffnen die Mitarbeiterbesprechung pünktlich.

- Sie stellen die Themen vor und erläutern kurz deren Wichtigkeit.

- Sie nennen den voraussichtlichen Zeitbedarf (und halten sich auch konsequent daran!).

- Sie stellen die Zielsetzung bei den einzelnen Themen dar.

- Sie sorgen für systematische Problemlösungen:
  Phase 1:   Problemdefinition und Zielformulierung
  (Was ist das Problem? Was soll erreicht werden?)

Fortsetzung: Mitarbeiterbesprechung durchführen

Phase 2: Problemanalyse
(Was ist vorgefallen? Wo passierte es? Wann ereignete es sich? Welches Ausmaß liegt vor?)

Phase 3: Sammelphase
(Welche Problemlösungsmöglichkeiten gibt es?)

Phase 4: Bewertungsphase
(Welche ist die beste Problemlösung?)

Phase 5: Realisierungsphase
(Wer macht was bis wann? Nach Möglichkeit sollte ein schriftlicher Aktionsplan erstellt werden → höhere Verbindlichkeit, bessere Kontrollmöglichkeit als bei mündlichen Vereinbarungen)

- Sie leiten neutral durch Fragen (siehe Checkliste 53), Worterteilung und Zusammenfassungen.
- Sie schließen pünktlich mit Ihrem Dank an die Anwesenden.

Checkliste 52

7

Problemlösung auf Umsetzbarkeit prüfen	Ja	Nein
■ Wurden alle Handlungsmöglichkeiten in die Entscheidung einbezogen?	☐	☐
■ Beseitigt die Lösung sowohl das Problem als auch seine Wurzel?	☐	☐
■ Wird die Lösung allen Kriterien gerecht?	☐	☐
■ Stellt sie alle Beteiligten und Betroffenen so weit es geht zufrieden?	☐	☐
■ Können jetzt realisierbare Aktionspläne aufgestellt werden?	☐	☐
■ Haben wir genügend Zeit zur Verwirklichung der Lösung?	☐	☐
■ Stehen benötigte Mitarbeiter und Ressourcen zur Verfügung, um die Lösung zu realisieren?	☐	☐
■ Wird die Verwirklichung der Lösung verhindern, dass dieses Problem in Zukunft wieder auftritt?	☐	☐

Fortsetzung: Problemlösung auf Umsetzbarkeit prüfen

	Ja	Nein
■ Ist die Lösung „wasserfest" und wurden alle Risiken, Nachteile und eventuelle Konsequenzen in Betracht gezogen?	☐	☐

Ist die Lösung die beste Entscheidung im Hinblick auf ihre

	Ja	Nein
■ Vorteile?	☐	☐
■ Kosten?	☐	☐
■ Risiken?	☐	☐
■ Verbindlichkeit?	☐	☐
■ Umsetzbarkeit?	☐	☐
■ Nachhaltigkeit?	☐	☐
■ Umweltverträglichkeit?	☐	☐
■ terminliche Umsetzbarkeit?	☐	☐

Beantworten Sie alle Fragen mit „Ja", bringt die Problemlösung die größten Chancen zur erfolgreichen Umsetzung in die Praxis mit.

7

Checkliste 53

Besprechung durch Fragen leiten

Stellen Sie Fragen, um

den Inhalt von Beiträgen deutlich werden zu lassen.
- ■ „An was denken Sie bitte im Einzelnen?"
- ■ „Können Sie uns dafür ein Beispiel geben?"

Abschweifungen und Nebensächlichkeiten erkennbar zu machen, durch die der rote Faden verloren zu gehen droht.
- ■ „Ist das für unser Thema wichtig?"
- ■ „Bringt uns dieser Aspekt dem gewünschten Ziel näher?"
- ■ „Ist dies einer der entscheidenden Gesichtspunkte?"

abzeichnenden Reibereien zwischen Teilnehmern entgegen- zuwirken.
- ■ „Sollten wir uns nicht um Sachlichkeit bemühen?"
- ■ „Wollen wir uns nicht lieber auf die Erörterung unseres Problems beschränken?"

Fortsetzung: Besprechung durch Fragen leiten

lange Ausführungen einzelner Teilnehmer zu verhindern.

■ „Wie wäre es, wenn wir uns alle kürzer fassen, damit jeder möglichst bald seine Auffassung äußern kann?"

deutlich zu machen, dass Sie es nicht zulassen, wenn ein Teilnehmer einem anderen ins Wort fällt.

■ „Wollen wir uns nicht erst Herrn … anhören, so wie es bei zivilisierten Mitteleuropäern der Fall sein sollte?"

■ „Meinen Sie nicht auch, dass wir alle zur gleichen Zeit ein Lied singen, nicht aber zur gleichen Zeit wirkungsvoll unsere Gedanken vortragen können?"

Einverständnis festzustellen.

■ „Sind Sie hiermit einverstanden?"

■ „Können Sie mit diesem Vorschlag leben?"

■ „Ist Ihr Hinweis/Einwand damit beantwortet?"

unterschiedliche Auffassungen in einem Teilbereich zu verdeutlichen.

■ „Ist es richtig, dass wir in diesem Punkt vorläufig unterschiedliche Meinungen vertreten?"

auf einen bisher noch nicht erörterten Aspekt aufmerksam zu machen.

■ „Sollten wir nicht auch überlegen, inwieweit der Aspekt … bedeutsam ist?"

■ „Haben Sie schon den Gesichtspunkt … in Betracht gezogen?"

die Glaubwürdigkeit zitierter Quellen zu untersuchen.

■ „Aus welchen Quellen stammen Ihre Informationen?"

■ „Können wir diese Informationsquelle als seriös betrachten?"

auf nicht vorhergesehene Schwierigkeiten hinzuweisen.

■ „Verstehen wir jetzt, warum es zu diesem Problem größere Meinungsverschiedenheiten gibt?"

Teilnehmer zu Meinungsäußerungen zu veranlassen.

■ „Wer möchte hierzu etwas sagen?"

■ „Wer hat zu diesem Punkt bereits Erfahrungen sammeln können?"

7

Fortsetzung: Besprechung durch Fragen leiten

negativen Kommentaren auch etwas Positives abzugewinnen.
- „Und was finden Sie an dem Vorschlag positiv?"
- „Betrachten wir die Kehrseite der Medaille. Welche positiven Seiten können wir diesem Vorschlag abgewinnen?"

den Kern von langen Teilnehmerbeiträgen besser zu erkennen.
- „Können Sie den Vorschlag noch einmal ganz einfach formulieren?"
- „Wie hört sich Ihr Vorschlag präzise auf den Punkt gebracht an?"
- „Wie würden Sie Ihre Ausführungen in einem Satz zusammenfassen?"

sicher zu gehen, einen Teilnehmerbeitrag richtig verstanden zu haben.
- „Ich entnehme Ihrer Aussage, dass . . . Sehe ich das richtig?"
- „Habe ich Sie richtig verstanden, Sie meinen . . .?"
- „Sie meinen, wir sollten . . .?"

zu prüfen, ob Übereinstimmung erreicht wurde.
- „Sind wir in diesem Punkt einer Meinung?"
- „Bevor wir weitermachen, kurz noch die Frage: Können alle mit dem Ergebnis . . . leben?"
- „Noch haben Sie die Chance zu intervenieren. Wer glaubt, zu diesem Punkt noch etwas Wesentliches beitragen zu können?"

Checkliste 54

Prüfkriterien für eine gute Besprechungsleitung			
	Ja	Zum Teil	Nein
■ War allen Teilnehmern vor Besprechungsbeginn der Anlass, die Themen, das Problem bekannt?	☐	☐	☐
■ Stellte ich deutlich dar, was von den Teilnehmern erwartet wird?	☐	☐	☐

Fortsetzung: Prüfkriterien für eine gute Besprechungsleitung

	Ja	Zum Teil	Nein
▪ Beachtete ich die fünf Phasen einer systematischen Problemlösung (siehe Checkliste 51)?	☐	☐	☐
▪ Blieb ich neutral?	☐	☐	☐
▪ Ließ ich den Ideen der Teilnehmer den Vortritt?	☐	☐	☐
▪ Hörte ich den Teilnehmern auch zu?	☐	☐	☐
▪ Drängte ich etwa einen oder mehrere Teilnehmer in die Defensive?	☐	☐	☐
▪ Konnte ich Interesse und Aufmerksamkeit bei den Teilnehmern wecken und sie aktivieren?	☐	☐	☐
▪ Gab ich Zwischenzusammenfassungen und eine Schlusszusammenfassung?	☐	☐	☐
▪ Wurde der vorgesehene Zeitrahmen eingehalten?	☐	☐	☐
▪ Wirkte ich meinungsmanipulierend?	☐	☐	☐
▪ Achtete ich stets auf ein gutes Gruppenklima und auf eine Steuerung in Richtung optimaler Besprechungsergebnisse?	☐	☐	☐
▪ Dankte ich den Teilnehmern für die aktive Mitwirkung und die erzielten Ergebnisse?	☐	☐	☐
▪ Weiß jeder, wer was bis wann zu erledigen hat?	☐	☐	☐
▪ Wie sind die Teilnehmer nach Besprechungsende wohl auseinandergegangen?			
– zufrieden?	☐	☐	☐
– unzufrieden?	☐	☐	☐
– motiviert, Ergebnisse zu unterstützen?	☐	☐	☐
– nicht motiviert?	☐	☐	☐

7

Checkliste 55

Der ideale Besprechungsleiter

Sie sind der ideale Besprechungsleiter, wenn Sie

- gut vorbereitet in die Mitarbeiterbesprechung kommen.

- die Besprechung pünktlich eröffnen.

- sich um Neutralität bemühen und die Anwesenden nicht durch ein frühzeitiges Nennen der eigenen Meinung manipulieren.

- die Besprechungsziele im Auge behalten und immer wieder zum Thema zurückführen.

- auf ein gutes Besprechungsklima achten und keine persönlichen Angriffe zulassen.

- störende Konflikte abzubauen helfen, damit die Kontrahenten anschließend befreit mitarbeiten können.

- den Zeitbedarf überwachen.

- August Graf von Platen beherzigen: „Bemerke, höre, schweige, urteile wenig, frage viel".

- im richtigen Moment eine Pause einlegen.

- zurückhaltende Teilnehmer motivieren und Dauerredner unterbrechen.

- auf ein systematisches Vorgehen bei Problemlösungen achten.

- bei Formulierungsschwierigkeiten helfen.

- sich um Konsens bemühen.

- die Besprechungsergebnisse zusammenfassen.

- unter Dank an die Anwesenden rechtzeitig die Besprechung beenden.

- darauf achten, dass die erzielten Ergebnisse in die Praxis umgesetzt werden.

Konflikte lösen

8

Konflikte lösen

Ein Konflikt

- ist eine Störung (er unterbricht unseren Handlungsstrom, erzeugt vorübergehend Desorientierung),

- wirkt belastend (wir sind nicht mehr entspannt und heiter),

- neigt zur Eskalation (er greift auf immer mehr Menschen und Themen über, wird intensiver und kann die Belastbarkeitsgrenze überschreiten) und

- erzeugt einen Lösungsdruck (wir können die Störung nicht ewig vor uns herschieben, sie liegt uns „wie ein Stein im Magen", wir müssen sie bewältigen, damit die Beteiligten wieder mit sich in Einklang sind und sich den täglichen Lebensaufgaben zuwenden können).

Da die nervliche Anspannung, der Zeit- und Energieverlust sowie die emotionale Belastung ansteigen, wird ein Konflikt als ausgesprochen unangenehm empfunden. Menschen haben häufig gegensätzliche Bedürfnisse und agieren als konfliktträchtige Wesen, insofern sind Konflikte allgegenwärtig.

Jeder Betrieb stellt ein soziotechnisches System dar, in dem menschliche und organisatorische Reibungen an der Tagesordnung sind. Interne und externe Einflussfaktoren verursachen Konflikte, die das betriebliche Geschehen nachhaltig berühren können:

8

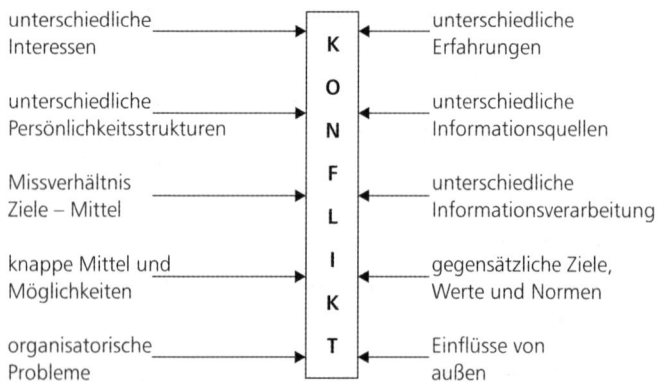

Checkliste 56

Konfliktsignale

- förmliches Verhalten der Mitarbeiter untereinander
- Misstrauen
- hoher Krankenstand
- Unpünktlichkeit
- hohe Fluktuation
- Zurückhalten von Informationen
- nachlässige Einarbeitung neuer Mitarbeiter
- fehlende Hilfsbereitschaft untereinander
- sich häufende Meinungsverschiedenheiten
- mangelnde Kompromissbereitschaft
- Entstehung von Cliquen
- destruktive Kritik
- Überbetonung von Über- und Unterordnungsverhältnissen
- Nachlassen der Arbeitsqualität

Erkennt der Vorgesetzte frühzeitig diese Signale und interpretiert er sie richtig, trachtet er nach einer baldigen einvernehmlichen Konfliktregelung.

8

Checkliste 57

Was „sozialverträgliche" Konfliktlösungen verhindert

Konfliktursachen bleiben unberücksichtigt, weil häufig die Konfliktauslöser im Vordergrund der Betrachtung stehen.
Sie konzentrieren Ihre Energie auf die Ermittlung des Kernproblems. Sind die speziellen Ursachen gefunden, sollten sie – wenn machbar – beseitigt oder abgemildert werden. Das ist leichter gesagt als getan, weil Konflikte mitunter eine Vorgeschichte haben und auf Nebenschauplätzen ausgetragen werden.

Unterschiede auf der Sachebene werden durch Emotionen aufgebauscht.
In Konfliktsituationen vermischen sich sachliche mit gefühlsmäßigen Elementen, so dass eine brisante Mischung entsteht. Sachliche Unterschiede eskalieren in Sekundenbruchteilen, wenn sich

---

Fortsetzung: Was „sozialverträgliche" Konfliktlösungen verhindert

eine Partei von der anderen nicht richtig angehört, nicht akzeptiert oder falsch verstanden fühlt. Tatsächlich sind oft die rein sachlichen Unterschiede erheblich geringfügiger als die hochgepeitschten Gefühlswogen. Mit der unsensiblen Aufforderung nach strikter Sachlichkeit („Bitte bleiben Sie doch sachlich!") wird ein Konflikt jedoch nicht ausgeräumt. Vielmehr müssen neben den sachlichen Differenzen unbedingt auch die gefühlsmäßigen Unstimmigkeiten geklärt werden!

Konfliktparteien akzeptieren nicht die Berechtigung anderer Auffassungen.
In emotionsgeladenen Konfliktsituationen fällt es Konfliktparteien schwer, den alten juristischen Grundsatz zu beherzigen: „Audiatur et altera pars." „Man höre auch die Gegenseite." Man fühlt sich durch den Konflikt insgesamt stark belastet und hat den Kopf nicht mehr frei, um Auffassungen der Gegenseite anzuhören oder gar zu akzeptieren.

Konfliktparteien betrachten ihre subjektiven Wahrnehmungen stets als objektive Realität.
Hierzu ein Beispiel: Vier Wanderer streben aus den vier Himmelsrichtungen in eine Stadt. Jeder sieht dieselbe Stadt, aber jeder aus seiner Perspektive. Und alle haben Recht, wenn sie sagen, dass die Stadt so aussieht, wie sie sich aus ihrer subjektiven Perspektive zeigt. Damit schafft sich jede Konfliktpartei für sie wirklichkeitserzeugende Welten und Wahrheiten. Und da diese erheblich voneinander abweichen können, ist einem Konflikt Tür und Tor geöffnet.

Konfliktparteien sind sprachlos.
Die Kommunikation zwischen den Konfliktparteien ist nicht mehr offen und aufrichtig. Bewusst werden Fehlinformationen gestreut oder gar Intrigen gesponnen. Schließlich versiegen selbst stockende Gespräche. Eine „Sendepause" macht sich breit. Bertolt Brecht merkte an: „Wo das Gespräch verstummt, hört das Menschsein auf."

Und diese Sprachlosigkeit tritt gerade in einem Moment ein, in dem ein Gespräch zur Klärung eines Konflikts dringend vonnöten wäre.

Checkliste 58

Grundmuster: Konfliktbewältigung

- **Kampf** (Gewinner-Verlierer-Spiel)
- **Flucht/Unterwerfung** (Aus dem Wege gehen/ „Der Klügere gibt nach")
- **Delegation bzw. Rückdelegation** („Ich halte mich da raus!")
- **Kompromiss** (Mit der Gefahr des „faulen" Kompromisses)
- **Konsens** (Jeder-gewinnt-Methode)

Die „reifste" Form der Konfliktbewältigung ist der Konsens. Aus einer Konfliktsituation sollten stets zwei Sieger hervorgehen, was immer voraussetzt, dass sich die Kontrahenten als gleichwertige Partner betrachten, die sich an der sechsstufigen Vorgehensweise zur kooperativen Konfliktregelung orientieren.

Checkliste 59

Kooperative Konfliktbewältigung

Stufe 1: „Was genau ist der Konflikt?"
- Konflikt identifizieren und definieren, also gegen andere Probleme abgrenzen
- sich Zeit nehmen
- den Konflikt klar aussprechen, nicht „um den heißen Brei herumreden"
- Ich-Aussagen senden
- Kooperation anbieten
- auf niederlagelose Methode der Vorgehensweise aufmerksam machen

Stufe 2: „Welche unterschiedlichen Lösungen sehen die Konfliktparteien?"
- Mögliche Lösungen entwickeln
- keine Lösungen bewerten
- zu möglichst vielen Vorschlägen anregen
- alle Beteiligten einbeziehen
- Angst vor Blamagen bei der Lösungssuche abbauen

8

Fortsetzung: Kooperative Konfliktbewältigung

Stufe 3: „Was spricht für bzw. gegen die Lösungen?"
- Lösungsmöglichkeiten kritisch beleuchten
- Streichung der für Einzelne unannehmbaren Lösungen
- Gefühle der Beteiligten bei Vorschlägen erfahrbar machen,
- prüfen, mit welchen Konsequenzen bei den einzelnen Lösungsvorschlägen gerechnet werden muss

Stufe 4: „Wie sieht die beste Lösung genau aus?"
- Sich für die beste annehmbare Lösung entscheiden
- die Lösung genau beschreiben
- die Lösung nicht als endgültig, sondern als veränderbar darstellen
- abfragen, ob alle Beteiligten sie akzeptieren
- Angst abbauen, gegen die Lösung zu opponieren

Stufe 5: „Wie wird die Lösung durchgesetzt?"
- Wege zur Ausführung der Entscheidung ausarbeiten
- klare Handlungsgrenzen bestimmen
- genau festlegen, wer was bis wann macht

Stufe 6: „War die getroffene Entscheidung zur Regelung des Konflikts richtig?"
- Prozessanalyse (spätere Untersuchung über die Funktionsfähigkeit der Lösung und die Einhaltung der getroffenen Absprachen)
- Ergebnisanalyse
- evtl. Korrekturen, wenn bestimmte Situationen falsch eingeschätzt wurden

8

Checkliste 60

Konfliktlösungsgespräch

- Sie schieben ein klärendes Gespräch nicht auf die lange Bank. Übernehmen Sie Verantwortung und wagen Sie den ersten Schritt zur Klärung einer verfahrenen Situation.
  Je länger und intensiver ein Konflikt ausgetragen wird, desto schwieriger wird es für die Beteiligten, die Eskalation zu stoppen und sich selbst aus der festgefahrenen Situation zu befreien.

Fortsetzung: Konfliktlösungsgespräch

- Sie sorgen für einen angemessenen Gesprächsort. Vermeiden Sie ein improvisiertes Gespräch zwischen Tür und Angel, das möglicherweise auch noch von Dritten verfolgt werden kann.

- Sie wissen, dass unter Zeitdruck kein konstruktives Gespräch gelingen kann.

- Sie führen ein Konfliktlösungsgespräch möglichst nur mit den direkt Beteiligten. Je mehr Personen am Konflikt beteiligt sind, umso schwieriger wird die Klärung. Treten Sie als Schlichter in Erscheinung, sind zunächst Einzelgespräche mit den Konfliktparteien anzuraten, denen später ein Gespräch im Plenum „am runden Tisch" folgen sollte.

- Sie verbuchen Gesprächsergebnisse unter der Rubrik „Datenschutz". Plaudern Sie nach dem Gespräch Vertrauliches aus, werden Sie künftig kaum noch als ernst zu nehmender Gesprächspartner akzeptiert.

- Sie stellen an den Beginn eines jeden Gespräches als „vertrauensbildende Maßnahme" einen positiven Gesprächseinstieg. Diese Phase der Kontaktpflege sollte in keinem Gespräch übersprungen werden, vor allem dann nicht, wenn während des Gedankenaustauschs unterschiedliche Beurteilungen von Sachverhalten oder persönliche Differenzen offengelegt werden.

- Sie suchen nach Gemeinsamkeiten, die verbinden sollen. Gegensätzliche Auffassungen wirken weniger trennend, wenn ein Grundkonsens gefunden ist. Stellen Sie nur das Trennende heraus, erschweren Sie eine Konfliktlösung.

- Sie bewahren Ruhe. Bringen Sie die eigene, aber auch die Erregung der Beteiligten unter Kontrolle. Gefühle sollen in dem Gespräch nicht zurückgehalten werden, ihre Äußerung darf die andere Konfliktpartei aber nicht verletzen.

- Sie nehmen einem stark emotional reagierenden Gesprächspartner Konfliktverzerrungen nicht übel. Soll er sich ruhig abreagieren und seine ganze Umwelt „verprügeln", anschließend wird er Ihnen eher für einen Erfolg versprechenden Dialog zur Verfügung stehen.

- Sie betrachten den Konflikt als ein gemeinsames Problem, dem Schuldzuweisungen nicht gerecht werden.

8

Konflikte lösen

- Sie schenken Scheinkonflikten nicht zu große Aufmerksamkeit. Basteln Sie lediglich an Symptomen herum, ohne das Kernproblem zu erkennen, wird Ihr Vorgehen immer Flickwerk bleiben.

- Sie geben Ihrem Gesprächspartner Feedback, wodurch Sie einen offeneren und vertrauensvolleren Umgang miteinander ermöglichen.

- Sie zeigen Ihrem Gesprächspartner durch aktives Zuhören (siehe Checkliste 23), dass er mit seinen Aussagen wichtig ist.

- Sie stellen offene Fragen (siehe Checkliste 25) und tragen so zur Versachlichung bei.

- Sie gehen auf Tatsachen ein, nicht auf Wertungen der anderen Konfliktpartei, die häufig „subjektive Wahrheiten" darstellen. Pauschalformulierungen sowie Anschuldigungen und Zuträgereien von Dritten sollten im Gespräch nicht erörtert werden.

- Sie sollten sachorientiert und konstruktiv formulieren, wenn Sie sich kritisch äußern müssen.

  Nicht: „Lügen Sie doch nicht. Immer diese faulen Ausreden!"

  Besser: „Das ist mir neu. Wo haben Sie das erfahren?"

- Sie werden sich in einer Vermittlerrolle auch zur Sache äußern. Machen Sie hierbei auch Ihre eigene Betroffenheit klar, aber verzichten Sie auf Einmischung oder Parteinahme.

- Sie helfen den Gesprächsparteien, eine erzielte Konfliktlösung zu verarbeiten und durchzustehen. Bestehen Sie hierbei auf einer gemeinsamen Verantwortung aller Beteiligten.

- Sie sprechen Kontrollmaßnahmen ab. Die Umsetzung einer Lösungsabsprache sollte immer kontrolliert werden. Keine Vereinbarung ohne Kontrolle – keine Kontrolle ohne Vereinbarung!

- Sie denken stets daran, dass eine wirkliche Konfliktbereinigung einen Dialog erfordert und keinen Monolog.

Verschließen Vorgesetzte vor der inneren Kündigung ihrer Mitarbeiter die Augen, kann dies für das Unternehmen lebensbedrohende Folgen haben.

Checkliste 61

Signale einer inneren Kündigung

- Häufiges Nennen von betrieblichen/organisatorischen Unzulänglichkeiten und Verstecken hinter formalen Gesichtspunkten („Ich würde ja gern ... aber leider ...").

- Das Kostendenken tritt in den Hintergrund („Was schert's mich!")

- Die Arbeitsqualität sinkt und das Arbeitsvolumen vermindert sich (es wird nur noch „auf Sparflamme" gearbeitet).

- Jede Gelegenheit zum Krankmelden wird ohne schlechtes Gewissen genutzt, denn: „Soll der Alte doch sehen, wie er zurechtkommt!"

- Die Beteiligung am betrieblichen Vorschlagswesen geht zurück.

- Wichtige Informationen bleiben auf der Strecke, indem sie vergessen werden („Ach ja, das habe ich ja völlig vergessen ... so schlimm wird's ja wohl nicht sein. Das kann schließlich jedem passieren ...").

- Eigene Initiativen („Die da oben machen ja doch, was sie wollen ...") und Vorschläge zur Weiterbildung kommen nur noch spärlich oder unterbleiben gänzlich.

- Unzulänglichkeiten im Betrieb werden kommentarlos hingenommen („Sollen doch die anderen den Mund auftun.").

- Jegliche Beschwerden bleiben aus.

- Der Mitarbeiter wälzt über Rückdelegation (siehe Checkliste 39) manches auf den Vorgesetzten ab.

- Es ist kein Interesse an Auseinandersetzungen erkennbar.

- Verstärkt tritt eine typische Ja-Sager-Mentalität in den Vordergrund.

- Eingriffe in den eigenen Delegationsbereich werden gelassen hingenommen.

- Kundenreklamationen gegenüber herrscht Gleichgültigkeit.

- Klagen über mangelhaften Informationsfluss bleiben aus.

- Man hält sich strikt an die Regelarbeitszeit und opfert beruflichen Verpflichtungen darüber hinaus keine Minute.

- Es besteht keine Bereitschaft, Mehrarbeit zu leisten oder Vertretungen zu übernehmen.

8

Fortsetzung: Signale einer inneren Kündigung

- Freiräume während der Arbeitszeit werden für persönliche Interessen ausgeschöpft.
- Klammheimlich werden Arbeitspausen ausgedehnt.
- Ein allgemeines Desinteresse nach der Devise: „Jeder ist sich selbst der Nächste." greift um sich.
- Man schließt sich nahezu immer der Mehrheit an.
- Kein Karrierestreben: „Besser einen geruhsamen Arbeitsplatz, den ich kenne, als strapaziöse Veränderungen."
- Ausbleiben von ehrlichen, spontanen und konstruktiven Reaktionen, dafür wird häufiger ein angepasstes Verhalten gezeigt.
- Keine Bereitschaft, an neuen Aufgaben und wichtigen Problemlösungen mitzuwirken.
- Verstärktes Denken an eigene Rechte („Was, Pflichten habe ich auch noch?").

Checkliste 62

8

Hilfsmaßnahmen bei innerer Kündigung

- Unklare Zuständigkeitsregelungen führen zu häufigem Kompetenzgerangel.
  Abhilfe: Klare organisatorische Festlegungen/Stellenbeschreibungen aufstellen
- Mitarbeiter werden vom vielschichtigen Prozess der betrieblichen Meinungs- und Willensbildung ausgeschlossen.
  Abhilfe: Kooperatives Führen – siehe Checkliste 10
- Mitarbeiter werden selbst beim Festlegen von Zielen für den eigenen Arbeitsbereich nicht einbezogen.
  Abhilfe: Ziele vereinbaren – siehe Checkliste 13
- Mitarbeiter sollen mit Elan und Begeisterung einsam vom Vorgesetzten getroffene Entscheidungen ausführen, ohne Beweg-/Hintergründe zu kennen und einen Sinn in dem ihnen abverlangten Handeln zu sehen.
  Abhilfe: Informieren – siehe Checkliste 16

Fortsetzung: Hilfsmaßnahmen bei innerer Kündigung

- Das Informationsverhalten ist unzulänglich, weil der Vorgesetzte Informationen nur zögerlich an Mitarbeiter weitergibt.
  Abhilfe: Informieren – siehe Checkliste 16
- Mangelnde Gesprächsbereitschaft des Vorgesetzten bewirkt Distanz zu den Mitarbeitern.
  Abhilfe: Mitarbeitergespräche führen – siehe Checkliste 20
- Verständigungsprobleme lähmen sowohl zwischenmenschliche Beziehungen als auch die aufgabenorientierte Zusammenarbeit.
  Abhilfe: Offen kommunizieren – siehe Checkliste 21
- Der Vorgesetzte greift ohne Not in die Zuständigkeitsbereiche der Mitarbeiter ein.
  Abhilfe: Richtiges Delegieren – siehe Kapitel 5
- Mitarbeitern wird kein Vertrauensvorschuss entgegengebracht, so dass intensives Kontrollieren demotivierend wirkt.
  Abhilfe: Richtig kontrollieren – siehe Kapitel 9
- Das Führungsmittel Kritik wird fehlerhaft eingesetzt.
  Abhilfe: Konstruktive Kritik – siehe Checkliste 79
- Vorgesetzte sind nicht bereit, das lebenswichtige Vitamin „Anerkennung" zu verabreichen.
  Abhilfe: Anerkennung geben – siehe Checkliste 81

8

Um einen Überblick zu erhalten, wo Mitarbeitern „der Schuh drückt", ist eine Fragebogenaktion die beste Lösung.

Checkliste 63

Fragebogen: Arbeitszufriedenheit			
Name des Mitarbeiters:	Ja	Es geht so	Nein
....			
■ Füllt Sie Ihr Aufgabenbereich aus?	☐	☐	☐
■ Haben Sie eine interessante Arbeit?	☐	☐	☐
■ Können Sie Ihre Arbeit selbständig ausführen?	☐	☐	☐
■ Können Sie Ihr Arbeitspensum bewältigen?	☐	☐	☐

Fortsetzung: Arbeitszufriedenheit

	Ja	Es geht so	Nein
Sind Sie mit Ihrem Arbeitsplatz zufrieden?	☐	☐	☐
Gibt es Unklarheiten bei den Zuständigkeiten?	☐	☐	☐
Haben Sie zu Ihrem Vorgesetzten einen guten Kontakt?	☐	☐	☐
Haben Sie zu Ihren Kollegen einen guten Kontakt?	☐	☐	☐
Haben Sie zu Ihren Mitarbeitern einen guten Kontakt?	☐	☐	☐
Entsprechen die betrieblichen Weiterbildungsmöglichkeiten Ihren Vorstellungen?	☐	☐	☐
Werden gemeinsam mit Ihnen Ziele vereinbart?	☐	☐	☐
Werden Sie im Rahmen Ihres Aufgabenbereichs bei Planungen und Entscheidungen nach Ihren Vorschlägen befragt?	☐	☐	☐
Haben Sie den Eindruck, dass Sie häufig/ zu intensiv kontrolliert werden?	☐	☐	☐
Wünschen Sie mehr Unterstützung?	☐	☐	☐
Werden Sie mit genügend Informationen für Ihren Arbeitsbereich versorgt?	☐	☐	☐
Wünschen Sie mehr über Ihren Aufgabenbereich hinausgehende Informationen?	☐	☐	☐
Sind Sie mit der gegenwärtigen Arbeitszeit einverstanden?	☐	☐	☐
Durch welche Maßnahmen ließe sich Ihre Arbeitszufriedenheit steigern?	(Bitte auf Rückseite schreiben)		

8

Aus einem Konflikt kann Mobbing werden. Durch frühzeitiges und zielgerichtetes Gegensteuern wird es einem Vorgesetzten bei Erkennen beginnender Mobbingaktivitäten gelingen, das Problem in den Griff zu bekommen, vorausgesetzt, er will es wirklich.

Bei welchen Symptomen sollte ein Vorgesetzter spätestens anfangen zu überlegen, ob es in seinem Bereich Mobbing gibt?

Checkliste 64

Alarmsignale für Mobbing

- Die Arbeitsqualität sinkt und das Arbeitsvolumen vermindert sich (man arbeitet nur noch auf „Sparflamme", weil Zeit und Energie für Mobbinghandlungen bzw. Abwehrmaßnahmen eingesetzt werden).

- Häufiges krankheitsbedingtes Fehlen sowie Arztbesuche während der Arbeitszeit (um allem Unerfreulichen am Arbeitsplatz aus dem Weg zu gehen).

- Wichtige Informationen werden von den Betriebsangehörigen an den Gemobbten nicht weitergeleitet, Anweisungen bleiben „zufällig", „unbeabsichtigt" und „ohne jegliche Hintergedanken" auf der Strecke.

- Ein bislang harmonisches Team zerfällt, verändert sich zu Cliquen/Seilschaften und lässt unverhofft Außenseiter und Sündenböcke (siehe Checkliste 46) erkennen.

- Die Bereitschaft zum Einspringen erlahmt, wenn Kollegen geholfen werden soll („Das ist doch seine Aufgabe, soll er doch zusehen, dass er seine Arbeit schafft. Wofür wird er denn bezahlt?").

- Mangelnde Bereitschaft, an neuen Aufgaben und wichtigen Problemlösungen mitzuwirken, weil man zu sehr mit sich selbst und dem Mobbing beschäftigt ist.

- Sachliche und zielgerichtete Diskussionen werden durch nerven- und zeitraubende Open-End-Debatten ersetzt.

- Sich häufende Meinungsverschiedenheiten nehmen an Intensität zu, weil es an Kompromissbereitschaft mangelt.

- Ein Mitarbeiter wird verstärkt „links liegen gelassen", isoliert und ausgegrenzt.

- Bisher gezeigtes kollegiales Verhalten wird durch einen zunehmend förmlichen und unhöflichen/rüden Ton ersetzt.

- Zwischenmenschliche Beziehungen außerhalb der Arbeitszeit werden eingefroren oder abgebrochen.

- Mitarbeiter beginnen sich gegenseitig zu kontrollieren und suchen intensiv nach Fehlern und schlechten Leistungen.

- Kritik wird destruktiv geübt (z. B. autoritär, persönlich, verallgemeinernd, ironisch, sarkastisch, in Gegenwart Dritter).

8

Fortsetzung: Alarmsignale für Mobbing

- Starke Absicherungstendenzen (die Anzahl von Aktenvermerken nimmt zu!) sowie fehlende Risiko- oder Entscheidungsbereitschaft aus der Angst heraus, man könne bei Fehlern ins Kreuzfeuer der Kontrahenten geraten, fallen ins Gewicht.
- Mitarbeiter beschweren sich bei Ihnen und weisen hierbei auf ein gespanntes Verhältnis in der Arbeitsgruppe hin.
- Die Mitarbeiter ziehen häufiger mit Klatsch und Tratsch übereinander her; allmählich wird eine Diffamierungskampagne in Umrissen erkennbar.
- Es kommt vermehrt zu Streitigkeiten über Zuständigkeitsregelungen.
- In der Abteilung wird durch hinterlistig geschmiedete Intrigen Unruhe geschürt.
- Mitarbeiter tragen unaufgefordert Dinge vor, die einen Kollegen in ein schlechtes Licht rücken bzw. ergehen sich in abfälligen Bemerkungen.
- Ein Mitarbeiter wird von den Kollegen in Ihrer Gegenwart häufiger gefrotzelt und lächerlich gemacht.
- Ein Mitarbeiter macht plötzlich für ihn untypische Fehler oder lässt deutliche Leistungsschwankungen erkennen.
- Die Fluktuationsrate steigt, weil Mitarbeiter dem Psychoterror am Arbeitsplatz entfliehen.

Checkliste 65

Mobbing: Was tun?

Sie sorgen für ein möglichst gutes Arbeitsklima.
Wo das Arbeitsklima „stimmt", wird nicht gemobbt.

Sie beobachten das Gruppenklima.
Hierdurch entwickeln Sie ein Gespür für atmosphärische Veränderungen und können frühzeitig Mobbing-Aktivitäten erkennen und ihnen entgegentreten.

Fortsetzung: Mobbing: Was tun?

Sie sorgen für eine erfolgreiche Integration neuer Mitarbeiter.
Hierbei denken Sie vorrangig an folgende Punkte:

- Sie stellen rechtzeitig ein exaktes Einführungsprogramm (siehe Checkliste 98) auf.

- Sie bestellen einen Paten/Mentor, der den Neuen „unter seine Fittiche" nimmt und ihm durch Informationen, Ratschläge, Tipps und Vorschläge vielfältige Hilfestellung gibt.

- Sie bauen (unterschwellige) Bedenken und Ängste etablierter Mitarbeiter ab, indem Sie frühzeitig den „alteingesessenen" Mitarbeitern Kurzinformationen über den neuen Kollegen geben und zweifelsfrei Aufgaben, Kompetenzen und Verantwortung des Neuzugangs darstellen.

- Sie üben Fortschrittskontrollen (siehe Checkliste 99) aus, in deren Folge Sie aktiv werden.

- Sie lassen den Neuling bei anfänglich ungeschicktem oder undiplomatischem Verhalten nicht „ins offene Messer laufen", sondern greifen sensibel ein.

Sie bekämpfen Intriganten- und Denunziantentum.
Da das Intrigantentum destruktiv und besonders gefährlich ist, werden Sie einen erkannten Intriganten auf sein verwerfliches Tun ansprechen. Hören Sie auf einen Denunzianten, führt dies stets zu einer Verschlechterung der Arbeitsatmosphäre. Weisen Sie also Denunzianten in ihre Schranken!

8

Sie nehmen Mitarbeiterbeschwerden ernst.
(siehe Checkliste 67)

Sie bringen Mobbing als zu bekämpfendes Fehlverhalten zur Sprache.
Sie verharmlosen erkannte Mobbingansätze keinesfalls, sondern treten ihnen sogleich entschieden entgegen. Bei den ersten Anzeichen von Mobbing legen Sie unmissverständlich dar, dass Sie Mobbing stets ablehnen und auch bereit sind, gegen Mobber Sanktionen effektiv einzusetzen.

Sie wirken an einer kooperativen Konfliktbewältigung mit.
(siehe Checkliste 59)

Fortsetzung: Mobbing: Was tun?

Sie versorgen den Gemobbten mit den erforderlichen Informationen.
Mit dem systematischen Vorenthalten von Informationen und dem Einschränken persönlicher Kontakte lässt man den Gemobbten in eine Versagerfalle tappen, die seine berufliche und persönliche Kompetenz erheblich in Zweifel zieht, so dass er sich bald auf ein Abstellgleis geschoben fühlt.
Sie organisieren effektiv die formellen – offiziellen – Informationswege und achten darauf, dass alle Mitarbeiter gleichermaßen offen, sachlich und uneingeschränkt informiert werden.

Nicht zu Unrecht werden Beschwerden von Mitarbeitern als „Sicherheitsventil" bezeichnet, über das Überdruck abgelassen wird. Dieser Überdruck kann sich in vielfältiger Form äußern.

Checkliste 66

Rechnen Sie mit unangenehmen Verhaltensweisen
■ Der Mitarbeiter wird laut.
■ Der Mitarbeiter droht mit überzogenen Konsequenzen.
■ Der Mitarbeiter übertreibt und vergröbert.
■ Der Mitarbeiter beharrt stur auf seinem Standpunkt.
■ Der Mitarbeiter erinnert an frühere Fehler.
■ Der Mitarbeiter wird persönlich.
■ Der Mitarbeiter stellt überzogene Forderungen.
■ Der Mitarbeiter vergisst das Einmaleins des guten Tons.
■ Der Mitarbeiter argumentiert unsachlich.
■ Der Mitarbeiter reagiert äußerst empfindlich auf Widerspruch.

Selbst wenn der Mitarbeiter unangemessen vorgeht, sollten Sie folgende Empfehlungen nicht in den Wind schlagen:

Checkliste 67

Ihr Beschwerde-Management

Sie stecken den Kopf nicht in den Sand.
Beschwert sich ein Mitarbeiter, wird ein Konfliktbereich deutlich. Wird der Konflikt nicht beigelegt, kommt es zwischen den Beteiligten häufig zu Dauerkämpfen, die viel Zeit und Kraft erfordern. Da Zeit und Kraft aber der Aufgabenerledigung zukommen sollen, müssen Sie zur schnellen Beilegung des Konfliktes (siehe Checkliste 59) beitragen.

Sie behandeln Beschwerden mit Vorrang.
Schieben Sie die Ihnen vielleicht sehr unangenehme Sache auf die lange Bank („Die Zeit wird auch hier Wunden heilen."), verhärten sich möglicherweise die Fronten.

Sie nehmen sich für die Behandlung der Beschwerde Zeit.
Versuchen Sie nicht eine Erledigung zwischen Tür und Angel.

Sie reagieren ruhig.
Sie wissen, dass der „feuersprühende" Mitarbeiter zu Beginn seiner Beschwerde für sachliche Argumente nicht aufnahmefähig ist.

Sie zeigen Verständnis.
Sie lassen den Mitarbeiter Ihre deutlich erkennbare Wertschätzung seiner Person spüren.

Sie unterlassen Bemerkungen, mit denen Sie Öl ins offene Feuer schütten.
Jedes Abwimmeln, jegliche Verniedlichung führt zum Widerspruch und lässt eine weitere Eskalation befürchten. Wer kennt nicht diese ärgerlichen Formulierungen zur Aggressionssteigerung:

- „Da irren Sie sich aber!"
- „Mit solch einer Lappalie kommen Sie zu mir?!"
- „Da sollten Sie sich erst einmal ein dickes Fell anschaffen."
- „Übertreiben Sie doch nicht so!"
- „Regen Sie sich erst einmal ab!"
- „Das ist völlig ausgeschlossen."
- „Das kann gar nicht stimmen!"
- „Da müssen Sie sich täuschen."

8

Fortsetzung: Ihr Beschwerde-Management

- „Das habe ich ja noch nie gehört!"
- „So etwas kann bei uns gar nicht vorkommen."
- „Das kann doch mal vorkommen."
- „Das ist doch alles halb so schlimm."

Sie lassen zu, dass sich der Mitarbeiter zunächst abreagiert.
Sie können erst dann einen Erfolg versprechenden Dialog mit dem Mitarbeiter führen, wenn sein Herz keiner „Mördergrube" mehr gleicht.

Sie werten nicht.
Sie vergleichen den Beschwerdeführer nicht abwertend mit den Leistungen oder dem Verhalten anderer Mitarbeiter.

Sie erheben keine Gegenvorwürfe.
Diese wären Grundlage für eine Eskalation.

Sie beweisen Toleranz.
Aus eigener Erfahrung wissen wir, dass Menschen Unrecht haben können und trotzdem in gutem Glauben sich beschwert fühlen.

Sie vermeiden eine sofortige Gegenüberstellung.
Erst wenn Sie die Kontrahenten angehört haben und auf beiden Seiten die Erregung abgeklungen ist, kann ein Gespräch zu dritt stattfinden. Die Kontrahenten sollten eine Nacht über ihr Problem schlafen können.

Sie betrachten Beschwerden auch positiv.
Sie lassen größte Aufmerksamkeit walten, wenn immer wieder bestimmte Mitarbeiter, Verfahrensweisen oder Zuständigkeitsregelungen Gegenstand von Beschwerden sind. Sich häufende Beschwerden sind Ihre besten Helfer zur Beseitigung von Schwachstellen im eigenen Bereich.

Sie betrachten es nicht als Angriff auf Ihre Person, wenn Sie als Vorgesetzter selbst Gegenstand einer Beschwerde sind.
Bleiben Sie ruhig und reagieren Sie weder heftig noch abweisend. Ihre Autorität wird keinen Abbruch erleiden, wenn Sie sich bei berechtigten Beschwerden entschuldigen, anstatt den „schwarzen Peter" anderen Personen oder Stellen „in die Schuhe" zu schieben oder sich gar durch schlechte oder unglaubwürdige Ausreden aus der Affäre ziehen zu wollen.

8

Checkliste 68

Beschwerdegespräch führen

Sie isolieren den Mitarbeiter.
Die Reaktionen von Beschwerdeführern sind in Gegenwart Dritter besonders explosiv und wenig kalkulierbar.

Sie veranlassen den Mitarbeiter zum Sitzen.
Der stehende Mensch erzeugt mehr Aktivitäten als ein sitzender Mitarbeiter. Noch mehr Aktivitäten sind jetzt nicht gefragt. Bieten Sie dem Beschwerdeführer sofort einen Platz an, denn Sitzen ist keine Kampfhaltung.

Sie unterbrechen den Mitarbeiter nicht, sondern lassen ihn reden.
Kann der Mitarbeiter sich durch eine gründliche Aussprache abreagieren und seine Schwierigkeiten darstellen, ist häufig schon genügend Dampf abgelassen, um zu einem vertrauensvollen Gespräch zu kommen.
Ein weiterer Gesichtspunkt ist bedeutsam: Der momentane Beschwerdegrund stellt häufig den berühmten letzten Tropfen dar, der das Fass zum Überlaufen gebracht hat. Zwar werden Sie emotionsgeladene, übertriebene Darstellungen über sich ergehen lassen, dennoch erhalten Sie Hintergrundinformationen, die das Verhältnis des Beschwerdeführers zu seinem Kontrahenten beleuchten.

8

Sie notieren wichtige Aussagen.
In der Beschwerdesituation führt das Niederschreiben wichtiger Aussagen des Beschwerdeführers zu einer Reduzierung der Beschwerde auf ihren nüchternen Kern. Zudem zeigen Sie dem Mitarbeiter, dass Sie ihn und seine Beschwerde ernst nehmen.

Sie bestätigen dem Mitarbeiter, dass Sie seine Situation verstehen.
Sie signalisieren persönliches Verständnis für die Ansichten, Bedenken, Einwände und die Erregung des Mitarbeiters durch Bemerkungen wie

- „Ich kann Ihnen gut nachfühlen, wie Ihnen nach diesem Zusammenstoß zumute ist."
- „Wäre ich an Ihrer Stelle gewesen, hätte ich auch etwas dagegen unternommen."

Fortsetzung: Beschwerdegespräch führen

Indem Sie den Grund der Reaktionen des Mitarbeiters anerkennen, bejahen Sie seine Person. Damit haben Sie zur Sache selbst noch keine Stellung bezogen.

Sie bemühen sich um eine objektive Klärung des Sachverhalts.
Verschaffen Sie sich ein umfassendes und klares Bild von der Situation. Sie befragen den Mitarbeiter, ohne eine eigene Stellung zu beziehen oder eine eigene Meinung zu äußern. Meist genügt es nicht, lediglich die Aussagen des Beschwerdeführers als Grundlage für das weitere Vorgehen zu nehmen. Ein umfassendes Bild entsteht erst, wenn alle vom Problem betroffenen Personen ihren Standpunkt dargestellt haben.

Sie treffen eine Entscheidung.
Ihre Entscheidung soll eine reibungslose betriebliche Zusammenarbeit fördern. Ein Vorgesetzter, der nach dem Motto „Keine Entscheidung ist auch eine Entscheidung." handelt und dabei hofft, dass sich die Angelegenheit durch konsequentes Liegenlassen von selbst erledigt, verspielt das Vertrauen des Mitarbeiters.

8 Was geschieht in Ihrer Firma, wenn ein Mitarbeiter plötzlich für längere Zeit ausfällt? Wurde die Stellvertretung nicht geregelt, ist ein ordnungsgemäßer Betriebsablauf nicht mehr gewährleistet.

Checkliste 69

Formen der Stellvertretung

Echte/unbegrenzte Stellvertretung
Der Stellvertreter übernimmt den gesamten Funktionsbereich mit allen Aufgaben, Kompetenzen und Verantwortungen.

Teilstellvertretung
Der Funktionsbereich wird auf mehrere Mitarbeiter aufgeteilt, wobei eine sehr genaue Abgrenzung unbedingt erforderlich ist.

Platzhalterschaft
Der Platzhalter arbeitet nicht eigenverantwortlich, sondern fungiert als „verlängerter Arm" des Stelleninhabers, der „aus der

Fortsetzung: Formen der Stellvertretung

Ferne" regiert (Beispiel: Der in Kur befindliche Abteilungsleiter ruft seine Sekretärin arbeitstäglich um 14 Uhr an, entscheidet nach deren Bericht, welche Dinge noch bis zu seiner Rückkehr Zeit haben und lässt sich wichtige Aufgaben zur eigenen Bearbeitung faxen/mailen).

Springer
Der Springer ist Stellvertreter von Beruf.

Checkliste 70

Stellvertretung regeln		
Stellvertretung durch ...	Vorteile	Nachteile
... den Vorgesetzten?	Kontakt „zur Basis" mit dortigen Problemen bleibt bestehen	Kontrolle entfällt, fehlende Detailkenntnisse, Vorgesetzter ist kein Spezialist, möglicher Autoritätsverlust, wenn Mitarbeiter anschließend erkennt, dass er es selbst besser kann
... einen Kollegen?	Rivalität unter Gleichgestellten weniger vorhanden	Meist Kombination zwischen echter Stellvertretung und Platzhalterschaft
... einen bewährten Mitarbeiter?	Zumeist mit der Materie vertraut, Förderung des Führungsnachwuchses	Erschwerung der späteren Einordnung in den Mitarbeiterkreis, Autoritätsprobleme, Stuhlsägekomplex
... einen Springer?	Gute Qualifikation vorhanden, bessere Bezahlung	Häufiger Arbeitsplatzwechsel, soziale Bedürfnisse bleiben unbefriedigt
... mehrere Personen?	Geringere Belastung der Stellvertreter	Kompetenzstreitigkeiten, Kontrollfunktion des Vorgesetzten wird schwieriger

8

Checkliste 71

Kriterien einer guten Stellvertretung

■ Zwischen dem Stelleninhaber und dem Stellvertreter dürfen weder persönliche Ressentiments noch unüberbrückbare Differenzen bei der Beurteilung der zu erledigenden Aufgaben bestehen.

■ Der Stellvertreter muss die erforderliche Qualifikation haben („ein erster Mann an zweiter Stelle").

■ Der Stellvertreter muss vom Stelleninhaber rechtzeitig eingearbeitet und kontinuierlich mit wichtigen arbeitsplatzrelevanten Informationen versorgt werden (und nicht erst fünf Minuten vor Urlaubsbeginn!).

■ Dem Stellvertreter muss genügend Zeit zur Verfügung stehen, damit er neben seinem eigenen Aufgabenbereich auch der Stellvertretung gewissenhaft nachkommen kann.
Hier sollte ihm „Entlastung" gewährt werden, so zum Beispiel:
  – Befreiung von bestimmten eigenen Aufgaben während der Stellvertretung.
  – Zuordnung einer Hilfskraft.
  – Unwichtige Arbeiten im Vertretungsbereich können liegen gelassen werden.

■ Der Vorgesetzte sollte einem Stellvertreter gegenüber gewisse Grundregeln beherzigen:
  – Stellvertreter als vollwertigen und zuständigen Mitarbeiter betrachten.
  – Zu häufiges Eingreifen behindert den Stellvertreter und vermindert seine Motivation.
  – Nach reibungsloser Stellvertretung hat der Stellvertreter eine Anerkennung für seine Leistung verdient.
  – Nach reibungsloser Stellvertretung auch dem Stelleninhaber für die erfolgreich praktizierte Stellvertretung (rechtzeitige „Einschulung" und Information des Stellvertreters) positive Rückmeldung geben.

■ Der Stellvertreter muss stets zwei Aufgaben im Auge haben:
  – Kontinuität des Betriebsablaufs gewährleisten und nicht umfangreiche organisatorische Änderungen vornehmen, die vom Stelleninhaber als Anmaßung empfunden werden.

8

Fortsetzung: Kriterien einer guten Stellvertretung

– Gegenüber dem Stelleninhaber Loyalität wahren und nach bestem Wissen und Können im Sinne des Vertretenen handeln. Hierzu zählt auch, dem Stelleninhaber über seine Tätigkeiten Rechenschaft abzulegen und ihn über Wichtiges zu informieren.

Kein Unternehmen ist so gut, dass es nicht mehr verbessert werden könnte. Ignoriert ein Betrieb erforderliche Anpassungsprozesse, erleidet er Schiffbruch.

Geht der Vorgesetzte bei der Realisierung von Veränderungen allerdings nicht mit der erforderlichen Sensibilität vor, löst er Widerstand aus!

Checkliste 72

Ihr Change-Management

■ Stärken Sie bei Ihren Mitarbeitern durch Ihre Vorbildfunktion die generelle Einsicht in die Notwendigkeit von Veränderungen.

■ Sie informieren Ihre Mitarbeiter frühzeitig, wenn eine Veränderung erwogen wird.

■ Erörtern Sie gemeinsam mit Ihren Mitarbeitern die bisherige Situation sowie das anvisierte Ziel, damit sich die Einsicht festigt, dass ein durch eine Änderung zu erreichendes Problem vorliegt.

■ Beherzigen Sie als wichtigste Motivationsregel den Leitsatz: Die von einer Änderung Betroffenen beteiligen und nicht die Beteiligten betroffen machen!

■ Gelingt es Ihnen, die Zustimmung des eventuell vorhandenen informellen Führers (siehe Checkliste 46) zu gewinnen, wird sich die Änderung regelmäßig leichter und schneller durchführen lassen.

■ Während abstrakte oder weitschweifige theoretische Erörterungen eher Widerstände aufkommen lassen, stärken Sie mit konkreten und lebensnahen Beispielen Ihre Überzeugungskraft.

■ Auswirkungen der Veränderung machen Sie Ihren Mitarbeitern transparent, indem Sie absehbare Vorteile, aber auch unvermeidbare Nachteile herausstellen.

8

Fortsetzung: Ihr Change-Management

- Sie ermöglichen den Mitarbeitern den Zugang zu allen notwendigen Informationen. Informierte Mitarbeiter finden für jedes Problem eine Lösung, uninformierte Mitarbeiter haben für jede Lösung ein Problem.

- Oft ist es hilfreich, eine Änderung während eines „Probelaufs" zu testen. Stellen sich die erhofften Ergebnisse hierbei nicht ein, können Sie das Experiment ohne Autoritätsverlust beenden.

- Engen Sie die Handlungsspielräume Ihrer Mitarbeiter nicht unnötig ein, denn mitdenkende und mithandelnde Mitarbeiter benötigen Entfaltungsmöglichkeiten und Freiheitsgrade bei der Ausgestaltung der Veränderung.

- Gestehen Sie Ihren Mitarbeitern die erforderliche Umstellungszeit zu. Es ist noch kein Meister vom Himmel gefallen.

- Ziehen Sie während der Umstellungsphase die Kontrollschraube nicht zu stark an. Sehen Sie aber an den „strategischen Kontrollpunkten" Stichprobenkontrollen (siehe Checkliste 76) vor.

- Weil eine größere Anzahl von Änderungen innerhalb einer kürzeren Zeitspanne zu „organisatorischen Verdauungsstörungen" führen kann, überfordern Sie Ihre Mitarbeiter nicht.

- Ist für die Realisierung von Veränderungen zusätzliches Wissen und Können erforderlich, unterstützen Sie Ihre Mitarbeiter beim Erwerb des erforderlichen Know-hows.

- Legen Sie die vorgesehene Änderung (selbst wenn sie „sonnenklar" ist) schriftlich fest, damit Missverständnisse weitgehend ausgeschlossen werden.

8

Mitarbeiter kontrollieren, kritisieren, anerkennen

9

Checkliste 73

Weshalb Kontrolle?

- Durch sachgerechte Kontrollen lassen sich Fehler und falsche Verhaltensweisen reduzieren. Die Wettbewerbsfähigkeit des Unternehmens wird gesteigert, der Erhalt von Arbeitsplätzen gesichert.

- Sie wissen mittels ausgeübter Kontrollen über die Situation in Ihrem Bereich Bescheid. Vorrangig werden Sie durch Kontrollen versuchen, die Risikofaktoren bei der Aufgabenbewältigung in den Griff zu bekommen.

- Sie entdecken durch Kontrollen Schwachstellen und greifen Zufälligkeiten vor, bevor es zu spät ist. Vorbeugen ist stets besser als heilen!

- Die Erfüllung von gemeinsam vereinbarten Zielen wird überprüft: Termine, Normen, Qualität, Quantität und Wirtschaftlichkeit werden eher sichergestellt.

- Die Kontrolle von praktizierten Unfallverhütungsvorschriften bewahrt vor Unfällen und Krankheiten.

- Kontrollen bestätigen den Mitarbeiter in seinem richtigen Verhalten, führen zur Anerkennung guter Leistungen und wirken damit motivierend.

- Jeder Mitarbeiter will grundsätzlich ohne Fehler arbeiten. Kaum ein Mitarbeiter produziert vorsätzlich Fehler. Sie unterlaufen ihm im Regelfall, weil er sie nicht erkennt bzw. es nicht besser weiß. Kontrollen helfen dem Mitarbeiter, leistungshindernde Faktoren zu erkennen, so dass eine Verbesserung und Weiterentwicklung möglich wird. Festgestellte Fehler werden durch sachliche Kritik behoben und künftig vermieden.

- Sie überwachen die Einhaltung geltender Vorschriften und das Befolgen von Anweisungen. Ohne Kontrolle würden Vorschriften und Anweisungen nicht ernst genommen, Aufträge an Gewicht verlieren und die Arbeitsdisziplin leiden. Was geduldet wird, wird allmählich zur Norm.

- Kontrollen wirken auf manche Mitarbeiter erzieherisch und spornen an. Sie können die Entwicklung des Mitarbeiters positiv beeinflussen. Er wird schneller selbstständig und kann Verantwortung tragen. Entwicklung ist nur möglich, wenn

9

Fortsetzung: Weshalb Kontrolle?

dem Mitarbeiter transparent wird, ob sein Verhalten zum Erfolg führt oder nicht.

■ Fehlen Kontrollen, kann beim Mitarbeiter der Eindruck entstehen, seine Arbeit und damit auch er selbst sei für das betriebliche Geschehen unwichtig. Schenkt der Vorgesetzte ihm und seiner Arbeit hingegen auch im Rahmen seiner Kontrollfunktion Aufmerksamkeit, wird dies als Aufwertung wahrgenommen.

■ Bei Kontrollen können Fehler zu Tage treten, die der Mitarbeiter selbst nicht erkennt. Insofern kann Kontrolle auch als Ausgangspunkt eines Lernprozesses – sicherlich auch beim Kontrollierenden – aufgefasst werden.

■ Leistungsstarke Mitarbeiter stehen der Kontrolle positiv gegenüber, da hierdurch ihre Anstrengungen erkannt werden und sich die Chance vergrößert, beruflich vorwärts zu kommen.

■ Der Mitarbeiter hat ein Recht zu erfahren, wie seine Leistungen und sein Arbeitsverhalten beurteilt werden. Die Gefahr der Diskrepanz zwischen Selbsteinschätzung und Fremdeinschätzung vermindert sich.

■ Kommen Sie permanent Ihrer Führungsaufgabe Kontrolle in dem erforderlichen Umfang nach und setzen Sie anschließend die Führungsmittel Anerkennung und Kritik zielgerichtet ein, dann läuft in der täglichen Zusammenarbeit eine regelmäßige Beurteilung ab. Für Sie verliert die turnusmäßige Beurteilung Ihrer Mitarbeiter den Charakter eines Schreckgespenstes. Sie ziehen zum Beurteilungstermin lediglich das Resümee aus Feststellungen, die dem Mitarbeiter nach den ihm mitgeteilten Kontrollergebnissen bereits bekannt sind.

■ Um Mitarbeiter optimal einsetzen zu können, sollten Sie deren Leistungsniveau (= Motivation x Fähigkeiten + Fertigkeiten) zutreffend einschätzen können. Kontrollen ermöglichen Ihnen ein klares Bild, in welchen Bereichen durch Training, Schulung oder Motivation Aufbauarbeit zu betreiben ist.

■ Üben Sie Kontrollen aus, erkennen Sie schnell einen plötzlichen Leistungsabfall eines Mitarbeiters. Im Rahmen eines vertrauensvollen Mitarbeitergespräches bemühen Sie sich, den Grund für eine nachlassende Arbeitsleistung (z. B. Konflikte am Arbeitsplatz, gesundheitliche oder familiäre Probleme) zu

9

Fortsetzung: Weshalb Kontrolle?

erkennen, um anschließend mit geeigneten Mitteln gegenzu-
steuern.

- Werden bei Kontrollen Fehler erkannt, werden Sie auch prüfen,
  - ob besondere Maßnahmen und Hilfen zum Erreichen des vereinbarten Zieles erforderlich sind,
  - ob nicht auch Sie den Fehler mitverursacht haben, indem Sie eine unklare Anweisung gaben oder erforderliche Informationen für sich behielten.

- Würde das menschliche Handeln von keinerlei Kontrollen begleitet, käme es auf Dauer zu einem mehr oder minder ausgeprägten unbeabsichtigten Leistungsabbau.

- Kontrollen greifen nicht nur berichtigend ein, sondern tragen auch dazu bei, Leistungen zu verbessern und zu steigern. Sie setzen Aktionen in Gang, sobald aus den Kontrollergebnissen neue Möglichkeiten ersichtlich werden.

- Mit dem Phänomen der Betriebsblindheit muss man stets rechnen, wenn man sich für längere Zeit in eingefahrenen Gleisen bewegt. Wie häufig ist der Blick für das Mögliche und Machbare im eigenen Tätigkeitsbereich getrübt, wie oft übersieht man in der täglichen Arbeit Missstände oder Verbesserungsmöglichkeiten. Der Kontrollierende kann durch entsprechende Hinweise besseres und zweckmäßigeres Handeln bewirken.

9

Checkliste 74

Ihr Kontrollverhalten	Trifft zu	Trifft nicht zu
■ Meine Mitarbeiter wissen, dass meine Kontrollen sachbezogen sind.	☐	☐
■ Ich kontrolliere alle Mitarbeiter.	☐	☐
■ Ich kontrolliere nicht nach Gefühl und Wellenschlag, sondern steuere meine Aktivitäten mittels eines Kontrollplans.	☐	☐

Fortsetzung: Ihr Kontrollverhalten

	Trifft zu	Trifft nicht zu
■ Ich kontrolliere offen und für die Mitarbeiter durchschaubar, so dass es keine Geheimniskrämereien gibt.	☐	☐
■ Meine Kontrollen basieren auf klaren Zielvereinbarungen, Anweisungen, Richtlinien, so dass über den Maßstab Klarheit herrscht.	☐	☐
■ Ich setze schwerpunktmäßig Stichprobenkontrollen ein.	☐	☐
■ Bei meinen Kontrollen beachte ich strategische Kontrollpunkte, um größere Risikofaktoren im Griff zu behalten.	☐	☐
■ Totalkontrollen bilden die Ausnahme (z. B. bei unsicheren Neulingen, beim Packen von Fallschirmen, beim Instandsetzen von Kfz-Bremsen).	☐	☐
■ Die Kontrollergebnisse bespreche ich in freundlich-höflicher Atmosphäre mit dem jeweiligen Mitarbeiter.	☐	☐
■ In Kontrollen erkannte Fehler haben in meinem Verantwortungsbereich keine Überlebenschance, weil ich in weiteren Stichprobenkontrollen darauf achte, dass sie dauerhaft ausgemerzt werden.	☐	☐
■ Ich verzichte ausnahmsweise auf Kontrollen, wenn die Kosten hierfür in keinem gesunden Verhältnis zum Nutzen stehen.	☐	☐
■ Mit meinen Kontrollen verfolge ich stets das Ziel, eine Ergebnisverbesserung zu erreichen.	☐	☐

9

Checkliste 75

Merkpunkte zur Führungsaufgabe „Kontrolle"

- Kontrolle ist eine unverzichtbare und nicht delegierbare Führungsaufgabe.

- Der Vorgesetzte übt Kontrollen stets nur gegenüber den ihm unmittelbar zugeordneten Mitarbeitern aus (Ausnahme: Bei drohender Gefahr handelt er sofort und informiert anschließend den zuständigen Vorgesetzten).

- Kontrolle ist bei allen Mitarbeitern gleichermaßen auszuüben. Würden leistungsschwächere Mitarbeiter sehr häufig, leistungsstarke Mitarbeiter hingegen selten oder nie kontrolliert, käme dies einer Bloßstellung und Abwertung der weniger Erfolgreichen gleich.

- Allgemeine Fragen wie „Alles klar?", „Ist bei Ihnen alles in Ordnung oder gibt es etwas Besonderes?" oder „Gibt es bei Ihnen Probleme, mit denen Sie nicht fertig werden?" genügen nicht zur Kontrolle, zumal sie darauf ausgerichtet sind, einen Handlungsbedarf des Vorgesetzten zu vermeiden. Kontrolle ist immer zielgerichtet einzusetzen.

- Kontrolle ist ein Ist-Soll-Vergleich. Keine Kontrolle ohne Zielvereinbarung – keine Zielvereinbarung ohne Kontrolle.

- Kontrolle muss von Mitarbeitern als sinnvoll, hilfreich und notwendig erkannt werden.

- Ein Kontrollplan erleichtert Ihnen die Arbeit und überlässt nichts dem Zufall.

- Kontrollergebnisse werden mit dem Mitarbeiter besprochen. Wer das Kontrollergebnis für sich behält, belastet sich und seine Mitarbeiter.

- Erkennt der Vorgesetzte bei seiner Kontrolle Positives, hat der Mitarbeiter Anerkennung (siehe Checkliste 81) verdient. Bei Fehlern und unbefriedigenden Ergebnissen wird er das Führungsmittel Kritik (siehe Checkliste 79) konstruktiv und aufbauend einsetzen.

Wichtig: So viel Vertrauen wie möglich – so wenig Kontrolle wie nötig!

Checkliste 76

Kontrollarten

Zu empfehlen sind ...

Ergebnis-/Endkontrollen
Ergebniskontrollen (die Sache betreffend: Ist das Arbeitsergebnis in Ordnung?) zeigen den Beteiligten, in welchem Ausmaß Arbeitsziele oder Teilziele erreicht wurden. Da bei dieser Kontrollart durch den Ist-Soll-Vergleich das gesamte Arbeitsergebnis analysiert wird, bleibt der Weg dorthin außer Betracht. Diese Kontrolle wird vergangenheitsbezogen gehandhabt und deshalb von Kritikern als „Leichenschau" bezeichnet: Ist das Kind bereits in den Brunnen gefallen, folgt der Registrierung des Misserfolges oft nur noch Resignation oder die Begrenzung des eingetretenen Schadens. Um dieses Manko auszugleichen, sehen Sie zusätzlich Stichprobenkontrollen vor.

Stichprobenkontrollen
Stichprobenkontrollen dienen der Prophylaxe, sofern sie kontinuierlich sowie unter Wahrung der Zufälligkeit vorgenommen werden. Das Erreichen von Zielen wird durch Stichprobenkontrollen mit folgender Kurskorrektur begünstigt. Der Vorgesetzte erkennt hierbei, ob sich der Mitarbeiter im Einzelfall fachlich und führungsmäßig richtig verhält. Der Vorgesetzte wird von sich aus aktiv werden und dieser Führungsaufgabe systematisch nachkommen. Empfehlenswert ist ein Kontrollplan, den Sie in einfacher Form aufstellen. Aus ihm sollen neben den in völlig unregelmäßigen zeitlichen Abständen vorgesehenen Kontrollterminen auch die zu kontrollierenden Arbeiten hervorgehen. Den jeweiligen „strategischen Kontrollpunkten" werden Sie Ihre besondere Aufmerksamkeit schenken. Strategische Kontrollpunkte sind solche Punkte, an denen erfahrungsgemäß Probleme/Störungen/Fehler besonders häufig auftreten oder an denen Fehler zu weiteren Fehlern oder Abweichungen führen können.

9

Fortsetzung: Kontrollarten

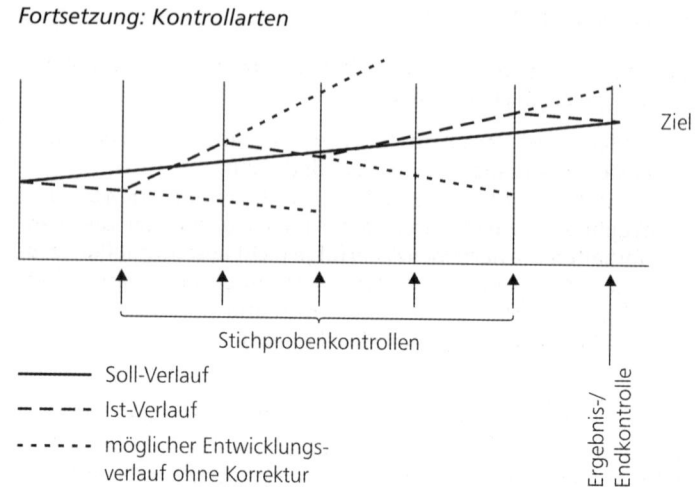

Stichprobenkontrollen stellen ein „Frühwarnsystem" dar. Sie gelten als ausreichende Sicherungen gegen Fehlschläge, wenn sie an den strategischen Kontrollpunkten vorgesehen werden.

Selbstkontrolle

Kontrolliert der Mitarbeiter seine Arbeitsergebnisse zunächst selbst, begegnet uns die Selbst-/Eigenkontrolle. Sie entspricht dem Bild vom eigenverantwortlichen und mit den erforderlichen Kompetenzen ausgestatteten Mitarbeiter. Selbstkontrolle setzt verantwortungsbewusste Mitarbeiter voraus. Mit jeder Verminderung des Anteils der Fremdkontrolle lässt sich die Selbstverantwortung des Mitarbeiters steigern. Auch motiviert Selbstkontrolle den Mitarbeiter und fordert ihn zu besseren Leistungsergebnissen heraus. Ferner wird bei Selbstkontrolle der Vorgesetzte entlastet und dem Mitarbeiter die Chance gegeben, Fehler durch rasche Gegenmaßnahmen aus der Welt zu schaffen, ohne dass andere Personen es bemerken.

Weniger empfehlenswert sind ...

Ausführungs-/Verhaltenskontrollen

Diese Kontrollart stellt die Person des Mitarbeiters in den Vordergrund (Wie macht er das?) und wird deshalb vielfach von den Mitarbeitern als der Sache nicht dienlich, einengend, schikanös und überflüssig abgelehnt.

Fortsetzung: Kontrollarten

Sie sollten Ausführungs-/Verhaltenskontrollen nur ausnahmsweise in zwei Fällen vorsehen:

a) Fehlerhaftes Verhalten führt zu umständlicher, zeit- oder kostenaufwendiger Aufgabenerledigung.

b) Trotz fehlerhaften Verhaltens wurden bisher gewünschte Ergebnisse erreicht. Dennoch sind zukünftig bei gleichem Verhalten gravierende Misserfolge nicht auszuschließen (z. B. falsche Arbeitsgewohnheiten wie Nichtbeachtung von Sicherheitsvorschriften auf technischem Sektor oder von Hygienevorschriften im Nahrungsmittelbereich).

Totalkontrollen

Totalkontrollen sollten auf Ausnahmefälle beschränkt bleiben, die auf die Art der Arbeit (z. B. besonders risikobehaftete Arbeiten oder beim Fehlen jeglicher Erfahrungswerte) und den Stand der Einarbeitung des Mitarbeiters auszurichten sind. Diese Arbeitsfreude und Eigeninitiative tötende Form der Überwachung würde für den Vorgesetzten eine starke physische und zeitliche Belastung beinhalten und zu Verzögerungen im Betriebsablauf führen. Totalkontrollen fordern manche Mitarbeiter zum Widerspruch heraus. Kleine Freiräume werden exzessiv genutzt, und es wird viel Energie eingesetzt, Kontrollinstanzen ein Schnippchen zu schlagen. Dennoch wird sich mancher Mitarbeiter mit Totalkontrolle arrangieren. Da der Chef doch alles kontrolliert, schiebt man die Verantwortung für fehlerfreies Arbeiten auf ihn ab: Schließlich sucht der nach Fehlern und findet sie auch! Abgesehen von gelegentlichem Ärger mit dem Vorgesetzten ist man „fein raus". Sie merken: Totalkontrollen können zu Unselbständigkeit und Sorglosigkeit führen.

9

Fremdkontrolle

Erfolgt die Kontrolle durch den Vorgesetzten, sprechen wir von Fremdkontrolle. Fremdkontrolle ermöglicht objektivere Ergebnisse und vermeidet Selbsttäuschung. Allerdings wird sie von Mitarbeitern zumeist als störend und unangenehm empfunden. Der Vorgesetzte sollte sich bemühen, Fremdkontrolle zu vermindern und dem Mitarbeiter verstärkt die Selbstkontrolle zu ermöglichen.

Vor jedem beabsichtigten Kritikgespräch prüfen Sie gewissenhaft, ob die Voraussetzungen für ein sachliches und konstruktives Gespräch erfüllt sind.

Checkliste 77

Kritik-Voraussetzungen	Ja	Nein
■ Muss in diesem Fall Kritik geübt werden?	☐	☐
■ Bin ich für diese Kritik zuständig?	☐	☐
■ Bin ich bereit, die häufigsten Fehler im Kritikgespräch zu vermeiden?	☐	☐
■ Kann ich den Gesprächstermin bestimmen?	☐	☐
■ Kann ich den Gesprächsort bestimmen?	☐	☐
■ War die ursprüngliche Zielvereinbarung realistisch?	☐	☐
■ Treten schwerwiegende Folgen auf, wenn ich das Kritikgespräch nicht führe?	☐	☐

Checkliste 78

9

Häufige Fehler im Kritikgespräch

Der Vorgesetzte übt autoritäre Kritik.
Der „herumschnauzende" Vorgesetzte will den Mitarbeiter durch die als Mittel der Disziplinierung eingesetzte harsche Kritik zum Kuschen bringen. Es geht dem Vorgesetzten nicht um partnerschaftliches Zusammenwirken, sondern darum, dem Mitarbeiter seinen Willen aufzuzwingen.

Der Vorgesetzte übt persönliche Kritik.
Kritik sollte stets gegen eine bestimmte Handlung und nicht gegen die Person des Mitarbeiters gerichtet sein. Persönliche Angriffe, Anspielungen auf Charaktereigenschaften oder Lebensumstände des Mitarbeiters haben zu unterbleiben.

Fortsetzung: Häufige Fehler im Kritikgespräch

Der Vorgesetzte übt verallgemeinernde Kritik.
Gnadenlose Verallgemeinerungen wie beispielsweise die verbalen Attribute „immer", „nie", „ständig", „alles" schießen zumeist über das Ziel hinaus und berühren kaum den Kern der Sache. In den seltensten Fällen treffen sie in dieser Ausschließlichkeit zu. Dem Mitarbeiter ist weit besser mit bedachten konstruktiven Hinweisen gedient als mit unbedachten destruktiven Anpfiffen.

Der Vorgesetzte übt Kritik in Gegenwart Dritter.
Der vorhandene Widerstand gegen Kritik wird noch verstärkt, wenn wir vor Dritten herabgesetzt werden. Zu den wichtigsten Grundbedürfnissen der menschlichen Natur gehört das Streben nach Anerkennung durch die Umwelt. Jenem Grundbedürfnis wirkt der Vorgesetzte mit dieser Art des Kritisierens geradezu entgegen. Der Mitarbeiter fühlt sich bloßgestellt und wird umso weniger bereit sein, den berechtigten Kern der Kritik anzuerkennen.

Der Vorgesetzte übt ironische/sarkastische Kritik.
Ironische/sarkastische Kritik schmerzt ungemein und schlägt seelische Wunden. Diese scharfe Waffe berührt das Selbstwertgefühl des Mitarbeiters besonders negativ, so dass bislang positive zwischenmenschliche Beziehungen nachhaltig vergiftet werden.

Der Vorgesetzte übt telefonische Kritik.
Der Vorgesetzte kann nicht erkennen, wie seine Kritik ankommt, wie sie unmittelbar aufgenommen wird, ob er nicht gar ins Leere spricht. Wer allein auf „Akustik" ausweicht, ist schlecht beraten, denn ohne entsprechende „Optik" ist in problembefrachteten Situationen ein besonnener Informationsaustausch kaum denkbar.

9

Der Vorgesetzte übt schriftliche Kritik/Kritik per E-Mail.
Bei dieser fehlerhaften Kritik braucht der Vorgesetzte seinem Mitarbeiter nicht in die Augen zu sehen, sondern hält ihn auf Distanz. Er ist nicht gezwungen, sich Entschuldigungsgründe anzuhören. Er muss sich nicht auf ein Gespräch einlassen, in welchem sich vielleicht herausstellen könnte, dass der Mitarbeiter an der ganzen Angelegenheit überhaupt nicht beteiligt war. Ob diese „Vorteile" eine schriftliche Kritik/Kritik per E-Mail rechtfertigen?

Fortsetzung: Häufige Fehler im Kritikgespräch

Der Vorgesetzte übt Kritik durch Dritte.
Es ist bekannt, dass mündliche Informationen nie genau so weitergeleitet werden, wie sie empfangen wurden. Jede menschliche Zwischenstation wirkt als Filter. Informationen werden je nach Aufnahmefähigkeit und Interessenlage des Übermittlers verfälscht: Sie werden „etwas" modifiziert, dieses oder jenes wird abgeschwächt oder auch fortgelassen, anderes mehr in den Vordergrund gerückt.

Der Vorgesetzte übt stillschweigende Kritik.
Mancher Vorgesetzte äußert dem Mitarbeiter gegenüber seine Missbilligung durch schweigende Missachtung. Bei stillschweigender Kritik übersieht dieser Vorgesetzte jedoch, dass er durch sein Verhalten ein ständiges Gefühl von Unsicherheit bei seinen Mitarbeitern hervorruft und zu keiner Änderung des Fehlverhaltens seiner Mitarbeiter beiträgt, da ein falsches oder unerwünschtes Verhalten nicht offen angesprochen wird.

Der Vorgesetzte übt Kritik am abwesenden Mitarbeiter.
Immer wieder kommt es vor, dass sich ein Vorgesetzter dazu hinreißen lässt, einen abwesenden Mitarbeiter zu kritisieren, der sich in einem solchen Fall nicht zur Wehr setzen kann. Hier fallen die kritischen Bemerkungen häufig unangemessen scharf aus, braucht sich der Vorgesetzte doch keinen Zwang einer halbwegs kultivierten Aussage aufzuerlegen. Allerdings wird der Kritisierte nach seiner Rückkehr in aller Regel von den Kollegen über das Gesagte informiert. Auch hier muss mit einer verfälschten Berichterstattung gerechnet werden.

Der Vorgesetzte übt gesammelte Kritik.
Warten Sie mit Ihrer Kritik nicht bis zu dem Tag, an dem „es sich lohnt". Kritisieren Sie, sobald die Arbeit fertig ist, nicht vorher und auch nicht zu lange danach: Der Mitarbeiter lernt aus seinen Fehlern am meisten, wenn der Zusammenhang zwischen der geleisteten Arbeit und der kritischen Würdigung noch frisch in seinem Gedächtnis ist.

Der Vorgesetzte übt wiederholt Kritik aus demselben Anlass.
Ist ein Thema Gegenstand eines Kritikgesprächs geworden, so muss der Vorgesetzte einen Schlussstrich ziehen. Ausnahme: Ist

9

Fortsetzung: Häufige Fehler im Kritikgespräch

in den Leistungen oder dem Verhalten des Mitarbeiters trotz geübter Kritik nicht die erhoffte Änderung eingetreten, so muss der Vorgesetzte erneut tätig werden.

Der Vorgesetzte übt Kritik vor Abwesenheit.
Manche Vorgesetzte geben ihren Mitarbeitern kritische Worte als „Wegzehrung" mit, wenn sie diese für einige Zeit nicht zu Gesicht bekommen. Hierbei übersehen sie, dass betriebliche Querelen durch dieses fehlerhafte Kritisieren nicht behoben werden, sondern die spätere Zusammenarbeit durch zwischenzeitlich aufgebaute Ressentiments und Hassgefühle erschwert wird.

Der Vorgesetzte übt Kritik bei Unwesentlichem.
Hält der Chef seinen Mitarbeitern möglichst oft den kritischen Spiegel vor, wird er nach einiger Zeit nicht mehr ernst genommen. Beim Mitarbeiter muss der Verdacht aufkommen, es gehe seinem „pingeligen" Vorgesetzten nicht um das Ausmerzen Schaden stiftender Fehler und nicht gewünschter Verhaltensweisen, sondern um den Beweis, wie unzulänglich er bis in das kleinste Detail ist.

Der Vorgesetzte übt Kritik in Form einer allgemeinen Anweisung.
Statt einen Mitarbeiter in einem Gespräch wegen eines bestimmten Vorgangs zur Rechenschaft zu ziehen, wird der Vorfall zum Anlass genommen, eine allgemeine Anweisung in schriftlicher oder mündlicher Form allen Mitarbeitern zu eröffnen. Kritik muss in jedem Fall dem Mitarbeiter gegenüber unter vier Augen ausgesprochen werden, der sein Verhalten ändern soll. Ansonsten würde der Mitarbeiter in der allgemeinen Anweisung sein Fehlverhalten möglicherweise gar nicht erkennen.

9

Führen Sie ein Kritikgespräch systematisch, so vermindert sich das Risiko einer erfolglosen Kritik, und die Erfolgsaussichten erhöhen sich beträchtlich.

Checkliste 79

Praxisbewährtes Kritikgespräch

Gespräch positiv beginnen.
- Mit einem gesprächsfördernden Kontakt zum Mitarbeiter ein emotional ansprechendes Angebot machen.
- Das „Miteinander-warm-werden" in den Vordergrund stellen, eine Vertrauensbasis schaffen bzw. verstärken.

Sachverhalt zweifelsfrei bezeichnen.
- Die festgestellte Abweichung vom Soll genau, konkret und wertfrei – das heißt ohne Schuldzuweisung – bezeichnen.
- Unklare Pauschalformulierungen, Verallgemeinerungen, vage Behauptungen und allgemeine Floskeln vermeiden.
- Nicht mit Vermutungen, Vorhaltungen und Anklagen arbeiten, für die Beweise fehlen.
- Anschuldigungen und Zuträgereien von Dritten nicht als erwiesene Tatsachen ansehen.
- In Gegenwart des Mitarbeiters keine Vergleiche mit den Leistungen oder dem Verhalten seiner Kollegen anstellen.

Mitarbeiter um Stellungnahme bitten.
- Dem Mitarbeiter das Recht auf Äußerung zu dem Sachverhalt zugestehen.
- Mitarbeiter möglichst unvoreingenommen anhören.
- Mut zu einer formellen Entschuldigung aufbringen, wenn Sie erkennen, dass Ihre Situationsbeschreibung unzutreffend war.
- Dem Mitarbeiter die Möglichkeit einräumen, im Bedarfsfall das Gespräch zu unterbrechen, wenn er für seine Stellungnahme Beweise herbeischaffen will.

Diskussion über Ursachen und Folgen des kritisierten Verhaltens.
- Gleichberechtigt und gemeinsam die Ursachen und die Folgen des kritisierten Verhaltens erörtern.
- Darauf achten, dass erkannte Mängel von beiden Seiten in gleicher Weise beurteilt werden, um Korrekturmaßnahmen entwickeln zu können.

Künftiges Verhalten gemeinsam vereinbaren.
- Partnerschaftlich mit dem Mitarbeiter besprechen, wie in Zukunft vorgegangen werden soll.

9

Fortsetzung: Praxisbewährtes Kritikgespräch

- Eine aktive Beteiligung des Mitarbeiters anstreben, bei der er eigene Zielvorstellungen und Verhaltensänderungen entwickelt.
- Die vereinbarten realistischen Verbesserungsvorschläge auf eine ruhige, klare, nicht verletzende Weise unmissverständlich bezeichnen.
- Mit dem Mitarbeiter ganz offen verstärkte Kontrollen vereinbaren, damit er erkennt, dass die Sache ernst gemeint und wichtig ist.

Gespräch positiv abschließen.
- Darauf achten, dass dem Kritikgespräch kein „bitterer Nachgeschmack" anhaftet.
- Kritikgespräch in einem freundlichen Klima abschließen.

Wichtig: „Aufmunterung nach dem Tadel ist Sonne nach dem Regen, fruchtbares Gedeihen" (Goethe).

Bitte nehmen Sie zunächst Stellung zu den folgenden Statements.

Checkliste 80

Ihre Reaktionen auf anerkennende Worte	Ja	Neln
■ Ich habe ein Erfolgserlebnis.	☐	☐
■ Ich fühle mich gestreichelt.	☐	☐
■ Die Anerkennung ist für mich Selbstbestätigung.	☐	☐
■ Mein Selbstwertgefühl wird erhöht.	☐	☐
■ Meine Arbeitsfreude nimmt zu.	☐	☐
■ Meine berufliche Umwelt ist mir sympathischer.	☐	☐
■ Meine Lebensfreude steigt steil an.	☐	☐
■ Ich fühle mich wohl und zufrieden.	☐	☐
■ Ich respektiere eher meinen Vorgesetzten.	☐	☐

9

Fortsetzung: Ihre Reaktionen auf anerkennende Worte

	Ja	Nein
▪ Ich identifiziere mich stärker mit meiner Firma.	☐	☐
▪ Anerkennung gibt mir neuen Mut und setzt zusätzliche Kräfte frei.	☐	☐
▪ Anerkennung spornt mich zu weiteren guten Leistungen an.	☐	☐
▪ Ich engagiere mich stärker und bin kreativer.	☐	☐
▪ Meine Loyalität gegenüber der Firma und dem Vorgesetzten wächst.	☐	☐

Vermutlich werden Sie sehr viel häufiger ein „Ja" angekreuzt haben als eine ablehnende Aussage. Wenn Anerkennung für Sie selbst eine stark motivierende Kraft darstellt, wird sie auch auf Ihre Mitarbeiter eine ähnlich positive Wirkung haben. Bekanntlich gehört Anerkennung zu den intensivsten Grundbedürfnissen der menschlichen Natur. Sie verschaffen mit ihr Höhepunkte für den Mitarbeiter, die den Arbeitsalltag durchbrechen.

Checkliste 81

Worauf bei Anerkennung zu achten ist

Anerkennung gelegentlich auch schwächeren Mitarbeitern aussprechen.
Selbst in den Fällen normaler Arbeitsleistung hin und wieder Anerkennung aussprechen, um auch die schwächeren Mitarbeiter zu motivieren. Schließlich möchte jeder Mitarbeiter von Zeit zu Zeit ausdrücklich bestätigt wissen, dass die geleistete Arbeit den Anforderungen entspricht. Damit heben Sie seine Arbeitsfreude und stärken seine Arbeitsmoral.

Anerkennung muss aufrichtig sein.
Anerkennung nicht wahllos und mit der Gießkanne über alle Mitarbeiter ausschütten. Der Mitarbeiter hat ein ausgeprägtes Gefühl, ob eine Anerkennung nach dem Motto „Der Zweck heiligt die Mittel." gegeben wird oder ob die anerkennenden Worte auf konkreter Einschätzung der Leistung oder des Verhaltens beruhen.

Fortsetzung: Worauf bei Anerkennung zu achten ist

Anerkennung soll sich auf ein konkretes Leistungsergebnis beziehen.

Unklare Pauschalformulierungen und allgemeine Floskeln vermeiden. Zahlen, Daten und Fakten nennen, durch die Ihre anerkennenden Worte konkret und glaubwürdig werden. Dann erhält Ihr Mitarbeiter das Gefühl, die Anerkennung wirklich verdient zu haben.

Anerkennung ist genau zu dosieren.

Wichtig ist, dass die Anerkennung im richtigen Augenblick in passender Weise erfolgt. Große Lobhudeleien oder überschwengliches Bedanken sind fehl am Platze. Geben wir dem Mitarbeiter doch durch ein Lächeln, ein Kopfnicken, ein „gut gemacht", „vielen Dank" oder „gut so" zu erkennen, dass wir seine erfreuliche Arbeitsleistung zur Kenntnis genommen haben.

Anerkennung nicht in Gegenwart Dritter aussprechen.

Anerkennung vor Dritten kann überheblich oder eitel machen. Da mit einer vor einem Kollegen ausgesprochenen Anerkennung häufig ein Vergleich mit eigenen Leistungen einhergeht, sind Kollegen nicht immer neidlos bereit, die erzielte Leistung als anerkennenswert zu betrachten. Manche fühlen sich persönlich ungerechtermaßen zurückgesetzt, andere wiederum sind eifrig bemüht, dem mit Anerkennung beglückten Kollegen Steine in den Weg zu rollen – dem „Streber" soll „eins ausgewischt" werden.

Anerkennung soll sachorientiert sein.

Anerkennung soll auf die Sache bezogen sein, nicht auf die Person des Mitarbeiters. Es ist entmutigend, vormittags persönlich gelobt und nachmittags persönlich getadelt zu werden. Wer von uns würde sich als Mitarbeiter nicht über die wechselnde Beurteilung seiner Person von einem Extrem ins andere wundern? Wird dagegen nur ein bestimmter sachlicher Aspekt anerkannt, so ist der Vorgesetzte durchaus frei, später auch sachlich Kritik zu üben.

Anerkennung soll unmittelbar nach einer guten Leistung gegeben werden.

Zu lange verzögerte Anerkennung gleicht vorenthaltenem Entgelt in der „seelischen Lohntüte" des Mitarbeiters. Nicht jeder Mitarbeiter harrt geduldig auf eine noch ausstehende verdiente Anerkennung aus. Mancher wird das Warten mit Resignation quittieren.

9

Fortsetzung: Worauf bei Anerkennung zu achten ist

Anerkennung darf nicht mit Kritik verbunden werden.
Die mit der Anerkennung verbundene wohltuende Wirkung würde sogleich eliminiert, wenn den positiven Worten mahnende Hinweise bis hin zu harschen kritischen Aussagen folgen. Berechtigterweise würde dieses Vorgesetztenverhalten vom Mitarbeiter als „Zuckerbrot-und-Peitsche-Methode" abgelehnt.

Checkliste 82

Merkpunkte für das Anerkennungsgespräch	
■ Wer?	Zuständig ist grundsätzlich der direkte Vorgesetzte.
■ Was?	Anzuerkennen sind Leistungen und Verhaltensweisen (keine „Charakterzüge"), wobei Spitzen- und Dauerleistungen im Vordergrund stehen. Auch richtige Ansätze und Teilerfolge bestätigen.
■ Wo?	Stets unter vier Augen.
■ Wie?	Ausdrücklich, differenziert, konkret, angemessen.
■ Wann?	Möglichst unmittelbar nach dem erwünschten und somit anzuerkennenden Verhalten.
■ Danach?	Den Worten bei Gelegenheit auch Taten folgen lassen (z.B. materielle Leistungen, Aufgabenbereicherung mittels Delegation, Förderprogramme für Führungsnachwuchskräfte, Aufstieg).

9

Mitarbeiter beurteilen

10

Soll in Ihrem Betrieb ein Beurteilungsverfahren installiert werden, ist ein schrittweises Vorgehen zu empfehlen.

Checkliste 83

Einführung eines Beurteilungssystems

■ Erarbeiten eines Beurteilungskonzepts durch betriebliche Projektgruppe/externen Berater

■ Diskussion des Beurteilungskonzepts mit Betriebsleitung und Führungskräften

■ Beteiligung des Betriebsrats

■ Entscheidung über das Beurteilungsverfahren im Einvernehmen mit dem Betriebsrat

■ Information der Mitarbeiter (Betriebsversammlung, Mitarbeiterzeitung, Informationsbroschüre, schwarzes Brett)

■ Schulung der Vorgesetzten

■ Durchführung und Auswertung

Checkliste 84

Beurteilungsverfahren

Verbale Beurteilung
Zwischen dem Vorgesetzten und dem Mitarbeiter findet lediglich ein Beurteilungsgespräch statt, dem keine schriftliche Beurteilung vorausging.

Um dieses Gespräch nicht völlig unstrukturiert und damit vermutlich wenig ergiebig führen zu müssen, sollten Sie als Orientierungshilfe die Checkliste 88 „Vorbereitung auf das Beurteilungsgespräch" nutzen.

Beurteilung in freier Beschreibung
Diese Beurteilung ähnelt einem qualifizierten Arbeitszeugnis. Der Beurteiler bringt von sämtlichen Vorgaben losgelöst eine gänzlich individuell geprägte Beurteilung zu Papier.

10

Fortsetzung: Beurteilungsverfahren

Allerdings tritt diese reine Eindrucksschilderung wegen offensichtlicher Mängel immer stärker in den Hintergrund: Neben der geringen Vergleichbarkeit der Leistungsbewertung muss die Sprach- und Formulierungskompetenz des Beurteilers als subjektive Einflussgröße in Kauf genommen werden.

Differenziert gestalteter Beurteilungsbogen
Beurteilungsbögen werden als wichtiges Hilfsmittel zur Leistungs- und Verhaltensbeurteilung angesehen.

Die einheitlichen Formulierungen in den Beurteilungsbögen erleichtern eine Festlegung und vereinfachen die Auswertung.

Checkliste 85

Wichtige Beurteilungsmerkmale

Belastbarkeit
außergewöhnlich belastbar – überdurchschnittlich belastbar – durchschnittlich belastbar – stößt gelegentlich an seine Grenzen – gibt zuweilen zu früh auf

Arbeitsbereitschaft und Fleiß
ausgesprochen einsatzbereit und initiativ – aktiv und anstrengungsbereit/fleißig – richtet sich nach der Attraktivität der Arbeit – unternimmt gelegentlich von sich aus etwas – zeigt wenig Interesse in dieser Funktion

Arbeitsplanung
absolut klar durchdacht – arbeitet sehr planvoll und gut vorbereitet – arbeitet mit Überlegung – denkt manchmal zu wenig voraus – braucht stets Detailvorschriften

Arbeitstempo
ausgesprochen zügig und flott – gutes Arbeitstempo – durchschnittliches Arbeitstempo – braucht meistens mehr Zeit als andere – wird meistens nicht fertig

Sorgfalt und Zuverlässigkeit
überaus genau und zuverlässig – sehr sorgfältig und zuverlässig – im Großen und Ganzen in Ordnung – manchmal zu wenig genau

10

Fortsetzung: Wichtige Beurteilungsmerkmale

und zuverlässig – mit Genauigkeit und Zuverlässigkeit auf Kriegs-
fuß

Auffassungsgabe
erfasst sehr schnell – sehr gute Auffassungsgabe – gute Auffassungsgabe – braucht manchmal etwas Zeit zur eindeutigen Auffassung – oft vermeidbare Missverständnisse

Denk- und Urteilsfähigkeit
ausgesprochen klares und sicheres Auffassungsvermögen – ver-
mag Wesentliches stets allein zu erkennen – selbstständiges Ur-
teilsvermögen in seinem Funktionsbereich – manchmal etwas unsicher im Urteil – hat oft Mühe, den Kern der Sache zu erkennen

Fachwissen
Experte in seinem Fach und angrenzenden Bereichen – sehr gute
Fachkenntnisse – in Ordnung – erkennbare Lücken – nicht ausrei-
chend/unvollständig

Merkfähigkeit
ausgesprochen gute Merkfähigkeit, auch für Einzelheiten – weiß
stets Bescheid – gutes Erinnerungsvermögen – vergisst ab und zu
auch Wichtiges – schlecht organisiert

Führungsverhalten
mitreißend, begeisternd, auch heikelste Situationen meisternd –
durchweg erfolgreich im Umgang mit anderen – setzt sich durch
und kommt mit anderen gut aus – zu wenig Interesse am erfolgreichen Umgang mit anderen – verhindert oft selbst den eigenen
und den Erfolg anderer

10

Die Mitarbeiterbeurteilung zählt zu den nicht delegierbaren Aufgaben des Vorgesetzten. Um die Abhängigkeit von Zufälligkeiten
zu vermindern und einen Großteil von Beurteilungsfehlern und
Verfälschungstendenzen (siehe Checkliste 87) auszuschließen, ist
ein dreistufiges Vorgehen zu empfehlen.

Checkliste 86

Systematisches Beurteilen

1. Stufe: Beobachten

– Sie folgen weder Gerüchten, Vermutungen noch ungeprüften Aussagen Dritter, sondern stützen Ihre Beobachtungen auf nachprüfbare Fakten.

– Sie legen keinesfalls einmalige Schwächen und einmaliges Versagen zugrunde, sondern ermitteln typische und ausgeprägte Merkmale.

– Sie begnügen sich nicht mit wenigen Beispielen, sondern sammeln während des gesamten Beurteilungszeitraums Fakten.

– Sie nehmen nicht nur unzureichende Arbeitsergebnisse sowie unangenehme und negative Verhaltensweisen zur Kenntnis, sondern auch die beobachteten positiven Gesichtspunkte.

2. Stufe: Beschreiben

– Sie legen festgestellte Arbeitsergebnisse und beobachtete Verhaltensweisen sachlich und unvoreingenommen schriftlich nieder, ohne sogleich zu bewerten.

– Sie beschreiben keine Charaktereigenschaften, weil diese nicht direkt beobachtbar sind, sondern immer nur aus Anzeichen erschlossen werden können.

– Sie entwickeln weder Pedanterie noch den Ehrgeiz, für Ihre Mitarbeiter umfassende Sündenregister oder Schwarzbücher anlegen zu wollen, da diese Ihnen nur den Vorwurf einbrächten, Ihre Mitarbeiter beschnüffeln oder ausspähen zu wollen.

3. Stufe: Bewerten

– Sie nehmen als Maßstab die zu verlangende Normalleistung.

– Sie erleichtern sich die Bewertung, wenn Sie für jedes Beurteilungsmerkmal eine Rangfolge unter den vergleichbaren Mitarbeitern bilden (an erster Stelle Müller, an zweiter Meyer usw.).

– Sie können auch eine Prozentrangskala mit schrittweiser Entscheidung kombinieren: Hierbei entscheiden Sie zunächst bei jedem Beurteilungsmerkmal, ob der betreffende Mitarbeiter zur oberen oder zur unteren Hälfte der vergleichbaren Mitarbeitergruppe zählt. Danach legen Sie bei der ermittelten Hälfte fest, ob er zur oberen oder unteren Hälfte zählt.

10

Checkliste 87

Beurteilungsfehler/Verfälschungstendenzen

Weisen Ihre Beurteilungen eine „Tendenz zur Mitte" auf?

Mancher Vorgesetzte empfindet das Beurteilen von Mitarbeitern als besonders mit Risiken behaftet. Bevor er sich deutlich im positiven oder negativen Bereich der Bewertungsskala festlegt, wird ein mittleres Urteil abgegeben. Von dieser durchschnittlichen Beurteilung aus ist die Distanz zu einer angemessenen Beurteilung im Falle von Komplikationen ohne sonderlichen Gesichtsverlust zu überspringen. Damit werden die Mitarbeiter jedoch „grau in grau" gemalt, so dass die Beurteilung ein uncharakteristisches Porträt mit geringer Aussagekraft darstellt.

Neigen Sie der „Tendenz zur Milde" zu?

Folgt ein Vorgesetzter der Tendenz zur Milde, wird er günstige und wünschenswerte Merkmale als stärker vorhanden darstellen, während ungünstige und nicht gewünschte Merkmale als weniger ausgeprägt beschrieben werden. Der Beurteilende glaubt, mit Gefälligkeitsbeurteilungen um sich „eitel Sonnenschein" zu verbreiten. Er nimmt mit dieser falsch verstandenen Menschenfreundlichkeit dem Mitarbeiter allerdings die Chance, sich selbstkritisch mit seinen Leistungen und seinem Verhalten auseinanderzusetzen.

Ist bei Ihnen eine „Tendenz zur Strenge" zu bemerken?

Ist der Vorgesetzte sehr kritisch oder fordert er von sich selbst oder von anderen zu viel, verschiebt sich die Beurteilung von Mitarbeitern deutlich in den negativen Bereich. Für diese Art von Fehlbeurteilungen sind besonders die Vorgesetzten anfällig, die sich selbst für ein Vorbild halten. Da sie überzeugt sind, kein Mitarbeiter sei tüchtiger als sie selbst, wird durch eine abwertende Beurteilung vermieden, dass ein Nachgeordneter in „bedrohliche Nähe" gelangt.

Sind Sie Vorurteilen/sozialen Stereotypen zugänglich?

Vorurteile stellen Denkschablonen in Form fest verankerter Vorstellungen dar, die wir von einer bestimmten Person – ausgehend von persönlicher Sympathie oder Antipathie, von Übereinstimmungen im privaten Bereich, von Erinnerungen an andere Personen u. Ä. – haben. Sie dienen als vereinfachendes Orientierungs-

Fortsetzung: Beurteilungsfehler/Verfälschungstendenzen

system. Da sie im Regelfall weder kontrolliert noch korrigiert werden, erschweren oder vereiteln sie die angemessene Einschätzung von Mitarbeitern. Dass uns diese oft auf falschen Verallgemeinerungen beruhenden Denkschablonen auf einen Irrweg gebracht haben, bemerken wir erst, wenn wir genauere Informationen über den Mitarbeiter besitzen.

Ähnlichkeit mit Vorurteilen haben soziale Stereotype. Während ein Vorurteil sich vornehmlich auf einen einzigen Menschen bezieht, werden mit einem sozialen Stereotyp ganze Menschengruppen („die Lehrlinge", „die Frauen", „die Gastarbeiter", „die Akademiker") belegt.

Kennen Sie das Phänomen der sich selbst erfüllenden Prophezeiungen?
Hier wirkt ein Urteil gleichzeitig als Erwartung, an die sich der Beurteilte anpasst. Kann der Beurteilende die Bedingungen für das Eintreffen seiner Vorhersage auch noch schaffen, wird er durch das Verhalten des Mitarbeiters bestätigt.

Ein einfaches Beispiel unterstreicht dieses Phänomen: Schätzt ein Vorgesetzter den Mitarbeiter Schneider als entwicklungsfähig und förderungswürdig ein, erhält dieser vermutlich vorrangig anspruchsvollere, interessante, herausfordernde Zusatzaufgaben als Mitarbeiter Bach, der kritisch ist und gelegentlich nörgelnd auftritt. Durch die ihn fordernden Aufgaben ist Schneider besonders motiviert, so dass er die zusätzlichen Arbeiten mit guten Ergebnissen termingerecht erledigt. Hierdurch sieht sich der Vorgesetzte in seiner ursprünglichen Beurteilung bestätigt und sonnt sich in dem Bewusstsein seiner „guten Menschenkenntnis".

Sind Sie für Projektionen anfällig?
Unbewusst überträgt der Vorgesetzte eigene Persönlichkeitsmerkmale auf seine Mitarbeiter. Ist er zum Beispiel nachtragend und misstrauisch, misst er in verstärktem Maße auch dem Mitarbeiter diese Eigenschaften bei.

Beeinträchtigt der Halo-Effekt Ihr Beurteilungsvermögen?
Der Halo-Effekt (halo = Hof (griech.) = Hof des Mondes) bewirkt, dass ein einziges Persönlichkeitsmerkmal, eine bestimmte Verhaltensweise, ein besonderes Ereignis, bekannte Tatsachen oder

10

Fortsetzung: Beurteilungsfehler/Verfälschungstendenzen

ein vorgefasstes Gesamturteil in den Augen des Vorgesetzten alles andere überstrahlt und damit eine zutreffende Einschätzung beeinflusst. Wird beispielsweise ein Mitarbeiter als besonders intelligent eingeschätzt, bewertet der Vorgesetzte häufig auch andere Eigenschaften des Mitarbeiters positiv.

Sind Sie vor dem Hierarchie-Effekt gefeit?

Erstaunlicherweise werden Mitarbeiter regelmäßig umso fähiger, leistungsstärker und kompetenter angesehen, je höher sie in der betrieblichen Hierarchie angesiedelt sind. Sogar die Tatsache, dass der zu Beurteilende promoviert hat, fällt gelegentlich als Bonus in die Waagschale.

Begehen Sie unbeabsichtigt pseudologische Fehler?

Nahezu jeder unterliegt hin und wieder der irrtümlichen Annahme, dass bestimmte Merkmale logisch zusammenhängen.

- Hohe Stirn, schmale Nase und anliegende Ohren sollen auf Intelligenz hinweisen.

- Ein fehlender Blickkontakt soll signalisieren, dass der Mitarbeiter unaufrichtig ist und etwas zu verbergen hat.

- Ein fester Händedruck lässt uns Entschlossenheit erwarten.

Untersuchungen ergaben, dass solche Attribute für eine gewissenhafte Beurteilung wegen ihrer hohen Fehlerquote nicht herangezogen werden können.

Schreiben Sie Bisheriges durch Korrekturfehler fest?

Ein Korrekturfehler liegt vor, wenn der Beurteilende nicht bereit ist, die Bewertungsstufe bei bestimmten Beurteilungsmerkmalen trotz eingetretener Verbesserungen oder Verschlechterungen angemessen zu verändern. Veränderungen werden einfach nicht wahrgenommen und unser „eindeutiges Bild" von einem Mitarbeiter trotz einer neuen Situation nicht revidiert.

Geben Sie Beurteilungen als „Mittel zum Zweck" ab?

Mit der Beurteilung soll ein gewünschtes Ergebnis erzielt werden: So wird ein leistungsschwacher oder überaus kritisch eingestellter Mitarbeiter „weggelobt", während ein qualifizierter Mitarbeiter eine eher durchschnittliche Beurteilung erfährt, um ihn im eigenen Bereich „zu halten".

10

Sind Mitarbeiter zu beurteilen, ist nicht das Ausfüllen eines Beurteilungsbogens nach Ihrem stufenweisen Vorgehen das Wichtigste, sondern das folgende Gespräch zwischen dem Vorgesetzten und dem Mitarbeiter. Die Beteiligten sollten das Beurteilungsgespräch als konstruktives Fördergespräch verstehen.

Checkliste 88

Vorbereitung auf das Beurteilungsgespräch

- Wie waren die Ergebnisse des letzten Beurteilungsgesprächs?
- Gab es seit der letzten Beurteilung Änderungen in den Aufgaben des Mitarbeiters?
- Hat sich seit der letzten Beurteilung die Situation gravierend gewandelt, so dass neue Einflüsse zu berücksichtigen sind?
- Um welche Punkte muss die Stellenbeschreibung geändert/ ergänzt werden?
- Welche vereinbarten Ziele hat der Mitarbeiter erreicht?
- Welche positiven Ergebnisse sollte ich ihm gegenüber besonders herausstellen?
- Welche neuen Ziele sollten vereinbart werden?
- Wie ist mein persönliches Verhalten zum Mitarbeiter?
- Wie läuft die Zusammenarbeit zu seinen Kollegen, seinen Mitarbeitern?
- Wie erlebe ich das menschliche Miteinander?
- Wie zufrieden ist der Mitarbeiter wohl mit mir?
- Räumte ich dem Mitarbeiter genügend Handlungsspielraum ein?
- Gibt es Punkte, über die ich mich als Vorgesetzter gefreut habe?
- Womit war ich unzufrieden?
- Gibt es Punkte, über die ich mich als Vorgesetzter geärgert habe?
- Wo gab es Probleme? Welcher Art waren sie?
- Was ist dagegen unternommen worden?
- Welche anderen Lösungen bieten sich jetzt an?
- Welchen Beitrag leistet der Mitarbeiter, dieses Problem zu beseitigen?

10

Fortsetzung: Vorbereitung auf das Beurteilungsgespräch

- Versäumte ich als Vorgesetzter etwa, das Problem zu beseitigen?
- Habe ich als Vorgesetzter Fehler gemacht? Wenn ja, gebe ich diese zu?
- Wo liegen die Stärken des Mitarbeiters?
- Wo liegen seine Schwächen?
- In welchen Bereichen kann sich der Mitarbeiter noch entwickeln?
- Ist der Mitarbeiter förderungswillig?
- Wie kann man ihn am besten fördern (z. B. Coaching, Job rotation, Job enlargement, Sonderaufträge, zusätzliche Kompetenzen, Entlastung, Beförderung)?
- Braucht der Mitarbeiter in seiner jetzigen Funktion Schulung, um den Standard seiner bisherigen Arbeit zu halten oder zu steigern?
- Falls Schulung erforderlich: In welchem Zeitraum wäre dies am günstigsten?

Checkliste 89

Beurteilungsgespräche führen

Vorbereiten
- Mitarbeiter nicht „überfallen", sondern rechtzeitig einen Gesprächstermin vereinbaren. Dafür sorgen, dass das Gespräch unter vier Augen stattfinden kann und Störungen (Telefonate, Besucher) auf ein Minimum reduziert werden.
- Schreibtisch verlassen und für eine Sitzanordnung sorgen, die Ihren Wunsch nach Kooperation anzeigt.
- Aufzeichnungen (siehe Checkliste 86) bereithalten. Sie sollten die meisten Fakten nach vorheriger Durchsicht aber besser abrufbereit in Ihrem Gedächtnis gespeichert haben.

Durchführen
- Zu Gesprächsbeginn stellen Sie einen guten zwischenmenschlichen Kontakt her.

10

Fortsetzung: Beurteilungsgespräche führen

- Welche Aufgaben hatte der Mitarbeiter zu erfüllen?
- Welche Aufgaben wurden von dem Mitarbeiter gut erfüllt?
- Warum wurden gerade diese Aufgaben erfolgreich bewältigt?
- Wie kann eine eventuelle Überqualifikation ausgenützt werden?
- Können diese Aufgaben ausgeweitet werden?
- Welche Aufgaben wurden vom Mitarbeiter nicht oder nicht so gut ausgeführt?
- Welche Gründe waren hierfür bestimmend?
- Was hat der Mitarbeiter getan, um die Aufgabe dennoch zufriedenstellend zu erledigen?
- Weshalb blieben auch diese Bemühungen ohne Erfolg?
- Wie soll es künftig weitergehen?
- Gemeinsam Mittel und Wege zur Beseitigung der festgestellten Mängel finden.
- Welche Folgerungen sind aus der guten bzw. nicht so guten Aufgabenerfüllung über den konkreten Anlass hinaus zu ziehen?
- Abschluss in positiver Form.

Auswerten
- Programm zur Leistungssteigerung/Verhaltensänderung ausarbeiten:
- Von einem schwach beurteilten Punkt ausgehen.
- Das Programm gemeinsam ausarbeiten.
- Übereinstimmung über das Programm erzielen.
- Hilfen bei der Programmdurchführung vorsehen.
- Leistung und Fortschritt beobachten.
- Fortschritte anerkennen und weitere Bemühungen fördern.
- Fehlleistungen/-verhalten konstruktiv korrigieren.
- Verbesserungsmöglichkeiten anhand von Beispielen aufzeigen.
- Fortschritte regelmäßig überprüfen.
- Erreichten Erfolgen entsprechend „Belohnungen" vergeben (z. B. Anerkennung, Erweiterung übertragener Aufgaben, Kompetenzen und Verantwortung).

10

Checkliste 90

Beurteilungsgespräche analysieren

- Konnte eine zwanglos-vertrauliche Atmosphäre erzeugt werden?

- Gelang es mir, einen Dialog zu führen oder hatte ich in einem Monolog „das Sagen"?

- Nahm ich den Mitarbeiter so ernst, wie ich selbst von meiner Umwelt akzeptiert und respektiert werden möchte?

- Lenkte ich das Gespräch vorwiegend mit offenen Fragen (siehe Checkliste 25) und hörte ich aktiv zu (siehe Checkliste 23)?

- Wird der Mitarbeiter nach diesem Gespräch zu weiterhin partnerschaftlicher Zusammenarbeit bereit sein?

- Brachte ich ihn unbeabsichtigt gegen mich oder die Firma auf? Wie hätte ich anders vorgehen sollen?

- Stand dem Mitarbeiter genügend Zeit zur Verfügung, um Strittiges aus seiner Sicht zur Sprache zu bringen?

- Wurde der Mitarbeiter im Gespräch bestätigt, oder muss ich jetzt mit einem verunsicherten Mitarbeiter rechnen?

- Weiß der Mitarbeiter jetzt genau und unmissverständlich, was von ihm erwartet wird?

- Enthält das gemeinsam erarbeitete Programm zur Leistungssteigerung/Verhaltensänderung ganz konkrete Vorschläge, die seine Weiterentwicklung in die gewünschte Richtung fördern?

- Machte ich Zusagen, für deren Einhaltung ich jetzt sorgen muss?

- Kann ich nach meinem Gefühl die Frage: „War ich für den Mitarbeiter ein guter Coach?" positiv beantworten?

- Wie würde ich mich jetzt an der Stelle des Mitarbeiters fühlen?

- Bin ich mit dem Gesprächsergebnis insgesamt zufrieden?

- In welchen Momenten fühlte ich mich nicht wohl? Wie kann ich künftig mit solchen Situationen besser umgehen?

- Was werde ich beim nächsten Mitarbeitergespräch anders/ besser machen?

- Was muss ich sofort veranlassen?

10

Wenn Vorgesetzte ihre Mitarbeiter offiziell beurteilen, weshalb soll der gleiche Prozess nicht auch umgekehrt greifen?

Tatsächlich sprechen die Mitarbeiter untereinander über das Führungsverhalten ihres Vorgesetzten und beurteilen ihren Chef mehr oder weniger heimlich. Allerdings kennt der Vorgesetzte diese Einschätzungen meist nicht.

Wird eine Mitarbeiterbefragung durchgeführt, erhält der Vorgesetzte Informationen über sich selbst, sein Verhalten und dessen Wirkungen auf die Mitarbeiter sowie über wünschenswerte Änderungen seines Führungsverhaltens.

Checkliste 91

Mitarbeiterbefragung zum Führungsverhalten	sehr gut	gut	durch-schnittlich	schlecht	sehr schlecht
■ Wie führt Ihr Vorgesetzter seine Mitarbeiter?	☐	☐	☐	☐	☐
■ Wie sorgt Ihr Vorgesetzter für die Zusammenarbeit in seiner Abteilung?	☐	☐	☐	☐	☐
■ Wie arbeitet Ihr Vorgesetzter mit Ihnen zusammen?	☐	☐	☐	☐	☐
■ Verhält sich Ihr Vorgesetzter im Gespräch mit Ihnen aufgeschlossen?	☐	☐	☐	☐	☐
■ Informiert Ihr Vorgesetzter Sie über die Dinge, die Ihre Arbeit betreffen, rechtzeitig und ausreichend?	☐	☐	☐	☐	☐
■ Bespricht Ihr Vorgesetzter Ihre Aufgaben ausreichend mit Ihnen?	☐	☐	☐	☐	☐
■ Erfragt und beachtet Ihr Vorgesetzter Ihre Meinung bei wichtigen Entscheidungen?	☐	☐	☐	☐	☐

10

Mitarbeiter beurteilen

Fortsetzung: Mitarbeiterbefragung zum Führungsverhalten

	sehr gut	gut	durch-schnittlich	schlecht	sehr schlecht
■ Fördert das Verhalten Ihres Vorgesetzten Ihre Einsatz-bereitschaft?	☐	☐	☐	☐	☐
■ Hilft Ihnen Ihr Vorgesetzter, wenn es mal Schwierigkeiten bei Ihrer Arbeit gibt?	☐	☐	☐	☐	☐
■ Setzt sich Ihr Vorgesetzter im Rahmen seiner Möglich-keiten für Sie ein, wenn Sie mit einem persönlichen Anliegen zu ihm kommen?	☐	☐	☐	☐	☐
■ Wie kontrolliert Ihr Vorgesetzter Ihre Arbeit?	☐	☐	☐	☐	☐
■ Erkennt Ihr Vorgesetzter gute Leistungen an?	☐	☐	☐	☐	☐
■ Wie kritisiert Ihr Vorgesetzter, wenn einmal ein Fehler passiert?	☐	☐	☐	☐	☐
■ Fühlen Sie sich von Ihrem Vorgesetzten gerecht beurteilt?	☐	☐	☐	☐	☐
■ Wie beurteilen Sie das Betriebsklima in Ihrer Abteilung?	☐	☐	☐	☐	☐

10

Personalbeschaffung, -einführung, -freisetzung

11

Durch eine Personalbedarfsermittlung finden Sie heraus,

■ wie viele Arbeitskräfte

■ einer bestimmten Qualifikation

■ zu einem bestimmten Zeitpunkt

■ an einem bestimmten Ort

erforderlich sind, um die Unternehmensziele für einen bestimmten Zeitraum zu erreichen. Wird ein Beschaffungsbedarf festgestellt, ist zu entscheiden, ob der innerbetriebliche oder außerbetriebliche Arbeitsmarkt auszuschöpfen ist. Insbesondere bei Beförderungsposten werden Sie nach dem Grundsatz „Aufstieg geht vor Einstieg." zunächst versuchen, den geeigneten Mitarbeiter aus den eigenen Reihen zu gewinnen.

Checkliste 92

Vor-/Nachteile innerbetrieblicher Stellenausschreibungen
Vorteile
■ Positive Auswirkung auf das Betriebsklima
■ Erhöhung der unternehmensinternen Mobilität
■ Motivation der Mitarbeiter durch Aufstiegsmöglichkeiten
■ Verwertung der bereits vorhandenen Firmen-/Betriebskenntnisse
■ Schnellere Einarbeitung am neuen Arbeitsplatz
■ Einsparung von Kosten für aufwendige Personalwerbung
■ Risiko einer Fehlbesetzung verringert sich, da der Bewerber aus den eigenen Reihen mit seinem Leistungspotenzial hinlänglich bekannt ist
■ Neue Mitarbeiter werden nur noch für Anfangsstellungen gesucht
Nachteile
■ Rivalität unter mehreren Bewerbern
■ Vorgesetzte „mauern", um nicht ihr „bestes Pferd" zu verlieren
■ Durch Beförderungsautomatik kann eine Versorgungsmentalität entstehen

11

Fortsetzung: Vor-/Nachteile innerbetrieblicher Stellenaus-schreibungen

- Gelegentlich werden soziale Aspekte fachlichen Gesichtspunkten zu stark vorgezogen
- Weniger Auswahlmöglichkeiten
- Neue Impulse („frisches Blut") bleiben bei „betrieblicher Inzucht" aus, so dass verstärkt Betriebsblindheit eintreten kann
- Erfahrungen aus einer betriebsinternen Karriere reichen wegen der eingeschränkten Bandbreite für Führungspositionen oft nicht aus

Soll ein Arbeitsplatz nicht innerbetrieblich besetzt werden, können Sie verschiedene Möglichkeiten nutzen:

Checkliste 93

Suche nach geeigneten Mitarbeitern

- Sie werten bereits vorliegende Initiativ- oder Blindbewerbungen (unverlangt zugegangene Bewerbungen von Interessenten, die sich „auf gut Glück" beworben haben) aus.
- Sie schalten Ihre Agentur für Arbeit ein, insbesondere können Sie online unter www.arbeitsagentur.de Stellenangebote aufgeben, unter vorliegenden Stellengesuchen auswählen oder Ihr eigenes Unternehmen präsentieren.
- Sie werten Stellengesuche von Arbeitsuchenden in der Tages- und Fachpresse aus.
- Sie weisen auf offene Stellen im Internet hin (auf Ihrer Homepage, in einer der zahlreichen Stellenbörsen).
- Sie werten bei Stellenbörsen hinterlegte Online-Profile von Stellensuchenden aus.
- Sie beauftragen einen gewerblichen Arbeitsvermittler/Personalberater mit der Stellenbesetzung.
- Sie nutzen persönliche Kontakte (z. B. aus Betriebspraktika oder im Rahmen praxisorientierter Seminar- oder Diplomarbeiten bekannte Nachwuchskräfte).
- Sie platzieren werbewirksame Stellenanzeigen, durch die ein größerer Interessentenkreis angesprochen werden soll. Einige Empfehlungen zu Inhalt und Aufbau:

11

Fortsetzung: Suche nach geeigneten Mitarbeitern

Wir sind:	Aussagen über das Unternehmen z. B. Branche, Firmentätigkeit, Standort, Firmengröße, besondere Kennzeichen für alle Anzeigen
Wir haben:	Aussagen über die freie Stelle z. B. Grund für die Ausschreibung, Aufgabenbeschreibung, Verantwortungsumfang, Vertretungsregelung, Entwicklungschancen
Wir suchen:	Aussagen über Anforderungsmerkmale z. B. Vorbildung, Kenntnisse, Fähigkeiten, Berufserfahrungen, persönliche Eigenschaften
Wir bieten:	Aussagen über Einkommen z. B. Hinweise auf Lohn-/Gehaltshöhe, Wohnungshilfe, Fahrgeld, soziale Leistungen
Wir bitten:	Nennung der Bewerbungswünsche z. B. vollständige, telefonische Bewerbung, Online-Bewerbung, Kurzbewerbung, persönliche Vorstellung, gewünschte Bewerbungsunterlagen

Es stehen in unterschiedlicher Intensität genutzte Verfahren zur Personalauswahl zur Verfügung, die alle prognostischen Charakter haben.

Checkliste 94

Verfahren zur Personalauswahl

■ Analyse und Auswertung von Bewerbungsunterlagen

Konstante Bewerbungsbestandteile sind:
- Bewerbungsschreiben
- Lebenslauf mit Lichtbild
- Schul-, Studien-, Dienst-, Arbeitszeugnisse und Teilnahmebescheinigungen

Variable Bewerbungsbestandteile sind:
- Arbeitsproben
- Referenzen
- Handschriftprobe
- Personalfragebogen
- Sonstige Unterlagen (z. B. Führungszeugnis, Führerscheine)

11

Fortsetzung: Verfahren zur Personalauswahl

- Vorstellungsgespräch
- Gruppendiskussion/Rundgespräch
- Testverfahren
- Arbeitsproben
- Grafologisches Gutachten
- Stress-Interview
- Beurteilungsseminar/Assessment-Center
- Biographischer Fragebogen
- Recherche des Bewerberprofils in sozialen Netzwerken
- Probe-Arbeitstag
- Feststellung des körperlichen Leistungsvermögens

Die am weitesten verbreitete Informationsquelle über die Eignung potenzieller Mitarbeiter ist nach wie vor das Vorstellungsgespräch.

Checkliste 95

Wichtige Fragen im Vorstellungsgespräch

- Wird der Bewerber den Anforderungen des Arbeitsplatzes in jeder Hinsicht gerecht?
- Welchen persönlichen Eindruck vermittelt der Bewerber von sich?
- Wie tritt er auf (Aussehen, Kleidung, Manieren, Haltung, Gestik, Mimik, Sprechtempo, Stimme, Aussprache, Wortschatz)?
- Entspricht er auch nach den noch benötigten Erkenntnissen über seine persönliche, familiäre und gesellschaftliche Situation, über Schul- und Berufsausbildung, über früher ausgeübte Verantwortungsbereiche unseren Vorstellungen?
- Besitzt er die erforderliche arbeitsplatz- und bereichsbezogene fachliche Eignung, um nutzbringend für den Betrieb tätig zu werden?
- Wie ist es in seinem Fall um Schlüsselqualifikationen (Teamfähigkeit, EDV-Kenntnisse, Fremdsprachenkenntnisse, Bereitschaft zum lebenslangen Lernen, soziale Sensibilität) bestellt?
- Verfügt er über wichtige Persönlichkeitsmerkmale?

11

Fortsetzung: Wichtige Fragen im Vorstellungsgespräch

- Lassen sich die nach Analyse und Auswertung der Bewerbungsunterlagen noch offenen Punkte (fehlende Informationen, Unklarheiten) zufriedenstellend klären?
- Hat der Bewerber Schwachstellen? Wie wird er sie darstellen/begründen? Sind erkennbare Schwachstellen für diesen Arbeitsplatz nicht zu akzeptieren oder eher unbedeutend?
- Passt er in die Arbeitsgruppe?
- Wird er sich schnell integrieren und möglichst bald seine volle Leistungsfähigkeit am Arbeitsplatz erreichen?
- Passt die „persönliche Chemie"? Ist in etwa die gleiche Wellenlänge zu den Ansprechpartnern im Betrieb erkennbar?
- Wie ist er motiviert?
- Wie bewährt sich der Bewerber in Stresssituationen?
- Kann aus dem im Vorstellungsgespräch gezeigten Verhalten darauf geschlossen werden, dass der Bewerber auch an seinem Arbeitsplatz gewissenhaft, zielstrebig und leistungsbereit agieren wird?
- Müssen wir dem Bewerber wichtige Informationen geben, um ihm eine abgerundete Entscheidung zu ermöglichen?
- Können wir den erkennbaren Erwartungen des Bewerbers im Falle einer Einstellung auch gerecht werden?

Checkliste 96

Ihr Verhalten im Vorstellungsgespräch

- Sie werten die Bewerbungsunterlagen im Vorfeld gewissenhaft aus und notieren mögliche/erkannte Schwachstellen.
- Sie gehen nach einem Zeitplan vor, so dass das Interview relativ straff geführt wird und die Chancen des Bewerbers eher gering sind, weitschweifige Erläuterungen vorzutragen.
- Sie lassen sich die Gesprächsführung nicht aus der Hand nehmen und behalten das Steuer fest im Griff, indem Sie gezielt Fragen stellen und möglichen/erkannten Schwachstellen mit bohrenden Fragen auf den Grund gehen.
- Sie orientieren sich bei Ihren Fragen an der Stellenbeschreibung und dem Anforderungsprofil.

11

Fortsetzung: Ihr Verhalten im Vorstellungsgespräch

■ Sie bauen das Gespräch in Stufen auf, die es Ihnen erleichtern, ohne Umwege zu einer Entscheidung zu gelangen (siehe unten).

■ Sie nehmen sich für das Gespräch die erforderliche Zeit, beginnen pünktlich und sorgen dafür, dass keine betrieblichen Störungen das Gespräch unterbrechen.

■ Sie sprechen nur 10 bis 20 Prozent der Zeit selbst und überlassen dem Bewerber den Löwenanteil für seine Ausführungen.

■ Sie steuern das Gespräch vorrangig mit offenen Fragen – siehe Checkliste 25.

Checkliste 97

Phasen des Vorstellungsgesprächs

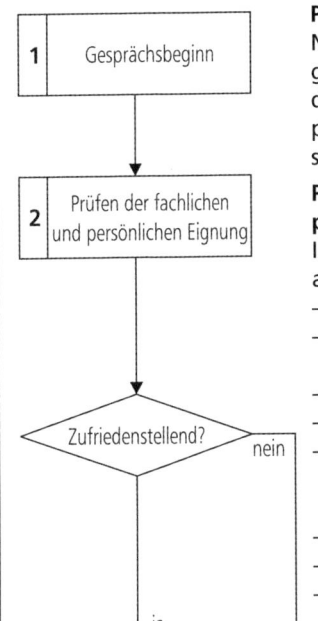

Phase 1: Gesprächsbeginn
Nur selten fällt man dem Bewerber gleich „mit der Tür ins Haus", sondern beginnt mit einer „Aufwärmphase", in der sich der Bewerber lösen kann.

Phase 2: Prüfen der fachlichen und persönlichen Eignung
Ihre Fragen können sich beziehen auf
– die persönliche Situation,
– die familiäre und gesellschaftliche Situation,
– den Bildungsgang,
– frühere Arbeitsverhältnisse,
– die Intensität der Beschäftigung des Bewerbers mit dem Arbeitsplatz, dem Arbeitgeber,
– die Motivation,
– die Selbsteinschätzung,
– längere Dienstzeiten in der Bundeswehr/Zeiten des Zivildienstes.

11

Fortsetzung: Phasen des Vorstellungsgesprächs

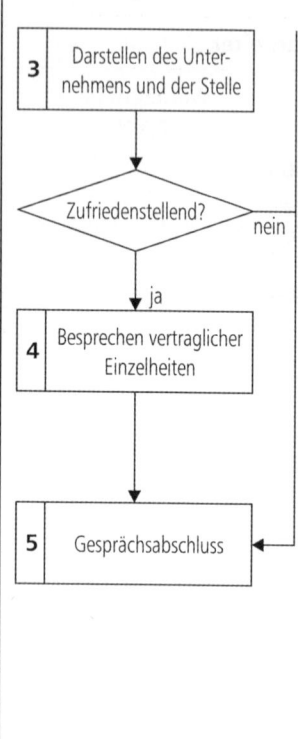

Phase 3: Darstellen des Unternehmens und der Stelle
Ein „schwacher" Kandidat wird diese Phase kaum erleben. Sie machen sich nur dann diese Mühe, wenn die Vorstellung bis jetzt positiv zu bewerten ist. Ein gut vorbereiteter Bewerber wird jetzt einige ihn besonders interessierende Fragen stellen.

Phase 4: Besprechen vertraglicher Einzelheiten
Sie besprechen mit dem Bewerber arbeitsvertragliche Regelungen, wenn er sich nach Ihren Erkenntnissen weiter im Rennen befindet.

Phase 5: Gesprächsabschluss
Selten werden Sie am Gesprächsschluss eine Zu- oder Absage erteilen. Einerseits wollen Sie den gewonnenen Eindruck überschlafen, andererseits stehen vielleicht noch weitere Gespräche mit anderen Bewerbern aus. Mit dem Hinweis auf eine baldige Entscheidung werden Sie den Bewerber mit einem Dankeswort für sein Mitwirken verabschieden.

11 Ein verantwortungsbewusster Vorgesetzter wird für eine überlegte, sinnvolle und systematische Einführung neuer Mitarbeiter sorgen. Schließlich soll sich der Neue in der fremden Umgebung bald heimisch fühlen, schnell den betriebstypischen „Stallgeruch" annehmen und seinen Aufgaben in vollem Maße gerecht werden. So regelt der Vorgesetzte rechtzeitig vor Arbeitsantritt des neuen Mitarbeiters den organisatorischen Ablauf der Einführung exakt und auf den jeweiligen Mitarbeiter zugeschnitten.

Checkliste 98

Einführungsprogramm für neue Mitarbeiter	
	Wahrzunehmen von

I. Vorbereiten auf den neuen Mitarbeiter

■ Bewerbungsunterlagen und Informationen aus dem Vorstellungsgespräch auswerten

■ Stellenbeschreibung oder entsprechende Unterlagen bereitlegen

■ Prüfen, ob neben der Einführung auch eine Unterweisung vorzusehen ist

■ Arbeitsplatz vorbereiten

■ Betriebspaten auswählen und einweisen

■ Arbeitsgruppe auf den neuen Mitarbeiter vorbereiten

■ Einschalten weiterer Personen, die für die Einführung bedeutsam sind

■ Informationsmaterial übersenden

II. Begrüßen des neuen Mitarbeiters

■ Neuen Mitarbeiter in Empfang nehmen

■ Begrüßungsgespräch führen

■ Schriftliches Informationsmaterial aushändigen

■ Betriebspaten vorstellen

■ Rundgang durch den Betrieb/ die Abteilung

■ Über Arbeitsgruppe informieren

■ Arbeitsplatz übergeben

11

Fortsetzung: Einführungsprogramm für neue Mitarbeiter

III. Allgemeine Informationen geben

- über Arbeitsentlohnung
- über Sicherheitsvorschriften
- über soziale Einrichtungen/Leistungen
- über interne Regelungen
- über betriebliche Räumlichkeiten
- über die Verhältnisse am Ort des Betriebes

IV. Einweisen in die Arbeitsaufgaben

- Aufgaben, Kompetenzen und Verantwortung durchsprechen
- Zur Aufgabenerledigung erforderliche Hilfsmittel vorstellen
- Mögliche Fehlerquellen und Anfangsschwierigkeiten aufzeigen
- Bedeutung des Arbeitsplatzes für den Betrieb herausstellen
- Mitarbeiter in die Organisationsstruktur des Betriebes und der Abteilung einführen
- Unternehmensphilosophie sowie betriebliche Ziele verdeutlichen
- Entwicklungsmöglichkeiten im Unternehmen aufzeigen
- Betriebliches Vorschlagswesen erläutern

V. Unterweisen am Arbeitsplatz

- Unterweisungsplan aufstellen
- Unterweisung durchführen

11

Fortsetzung: Einführungsprogramm für neue Mitarbeiter

VI. Fortschrittskontrolle

am ....

am ....

am ....

Checkliste 99

Fortschrittskontrolle für neue Mitarbeiter

- „Was ist Ihnen seit Ihrem Arbeitsantritt sowohl positiv als auch negativ aufgefallen?"

- „Füllt Sie Ihr Aufgabenbereich quantitativ/qualitativ aus?"

- „Haben Sie eine interessante Arbeit?"

- „Können Sie Ihre Arbeit selbstständig ausführen?"

- „Lässt sich das Arbeitspensum in der vorgesehenen Arbeitszeit erledigen?"

- „Hätten Sie noch ,Luft' für eine Aufgabenerweiterung?"

- „Sind Sie mit Ihrem Arbeitsplatz zufrieden?"

- „Stehen alle für Ihren Arbeitsplatz erforderlichen Hilfsmittel zur Verfügung und können Sie diese richtig einsetzen/anwenden?"

- „Welche Bereiche Ihres Arbeitsplatzes interessieren Sie am meisten?"

- „Welche Bereiche Ihres Arbeitsplatzes interessieren Sie am wenigsten?"

- „Welche Ihrer Fähigkeiten verkümmern gegenwärtig und sollten (noch) besser eingesetzt werden?"

- „Sind Unklarheiten in den Kompetenzregelungen aufgetreten?"

11

Fortsetzung: Fortschrittskontrolle für neue Mitarbeiter

- „Welche Aufgaben bereiten Ihnen noch Probleme? Wie können behindernde Faktoren ausgeräumt werden? Welche Mittel und Wege sind zur Beseitigung der Schwachstellen zu nutzen?"

- „Wünschen Sie mehr Unterstützung?"

- „Wie steht es mit Ihrem Kontakt zu Ihren Kollegen?"

- „Wie steht es mit Ihrem Kontakt zu Ihren Mitarbeitern?"

- „Was lässt sich zu Ihren Kontakten zu weiteren Ansprechpartnern (z. B. Betriebsrat, Kunden, Lieferanten) berichten?"

- „Werden gemeinsam mit Ihnen die Ziele festgelegt, die Sie erreichen sollen?"

- „Werden Sie im Rahmen Ihres Aufgabenbereichs bei Planungen und Entscheidungen nach Ihren Vorschlägen gefragt?"

- „Haben Sie den Eindruck, dass Sie zu häufig/zu intensiv kontrolliert werden?"

- „Werden Sie mit genügend Informationen für Ihren Arbeitsbereich versorgt?"

- „Wünschen Sie mehr über Ihren Arbeitsbereich hinausgehende Informationen?"

- „Sind Sie mit der gegenwärtigen Arbeitszeitregelung einverstanden?"

- „Gibt es noch Probleme, die abgestellt werden sollten?"

- „Durch welche Maßnahmen ließe sich Ihre Arbeitszufriedenheit steigern?"

- „Welche Vorschläge haben Sie zur Verbesserung von Arbeitsabläufen in unserer Abteilung/Firma/Ihrem Tätigkeitsbereich?"

- „Was haben Sie bisher bei Ihrer Einführung vermisst?"

11

Will ein Mitarbeiter von sich aus den Betrieb verlassen, sollten Sie ein Abgangsgespräch vorsehen, um

- Fluktuationsmotive zu identifizieren,

- Widerstände gegenüber dem Unternehmen abzubauen, damit der Ehemalige nicht mit einem „Blick zurück im Zorn" an den früheren Betrieb denkt,

- bei besonders wichtigen Mitarbeitern den Versuch zu wagen, eine Rücknahme seiner Kündigung zu erreichen,

- eine mögliche Versetzung innerhalb des Betriebes in eine andere Abteilung, zu einem neuen Vorgesetzten oder unter eher zutreffenden Arbeitsbedingungen „anzuschieben".

Hat der Ausscheidende bereits sein Arbeitszeugnis erhalten, wird er eher freimütig seine Erkenntnisse vortragen, während er andernfalls Zurückhaltung üben wird, um nicht abgeschwächt positive Zeugnisaussagen zu provozieren.

Checkliste 100

Abgangsgespräch führen
- Positive Gesprächsatmosphäre herstellen und den Gesprächszweck verdeutlichen. - Hinweise erbitten, welche Missstände erkannt wurden und wie sie abgestellt werden könnten. - Fluktuationsmotive erfragen. - Um Nennung des wichtigsten Fluktuationsmotivs bitten. - Falls wünschenswert: Vorsichtig, keinesfalls aufdringlich und besonders taktvoll ermitteln, ob der Fluktuationsbereite seine Kündigung zurücknehmen würde, wenn bestimmte, beiden Seiten genehme Modalitäten erfüllt wären. - Gesprächsabschluss in positiver Form mit Dank für das Geleistete und guten Wünschen für die Zukunft.

11

Profi-Tipp:

Ihnen eröffnete Fluktuationsmotive betrachten Sie als Verbesserungsvorschläge, mit denen sich die Fluktuationsrate verringern lässt. Da Fluktuation die sachliche Arbeit stören sowie das Betriebsklima und die zwischenmenschlichen Beziehungen verändern kann, besteht „Ansteckungsgefahr": Fluktuation fördert Fluktuation!

Besonders sensibel sollte der Vorgesetzte vorgehen, wenn ein emotional sehr belastendes Trennungsgespräch bei betriebsbedingter Kündigung zu führen ist.

Checkliste 101

Trennungsgespräch führen

- Kündigungsentscheidung mitteilen (schnell zur Sache kommen, nicht um den „heißen Brei" herumreden).

- Evtl. Kündigungsgrund verdeutlichen ohne ausführliche Begründungen zu geben, die momentan vom Gekündigten kaum akzeptiert werden („Warum gerade ich?").

- Eigenes Verständnis für Enttäuschung/Frustration darstellen, aber nicht in das Wehklagen des Mitarbeiters einstimmen. Keinesfalls eigenes Unverständnis oder gar Enttäuschung/ Wut über die Kündigungsentscheidung äußern.

  Reagiert der Mitarbeiter geschockt oder hysterisch, kann der nächste Punkt zwar kurz angesprochen werden, aber ausführlichere Erläuterungen wären dann erst in einem Abstand von zwei, drei Tagen nach Abklingen der überbordenden Emotionen sinnvoll.

  Ihr Motto: „Die Würfel sind gefallen, auf zu neuen Ufern." Weg vom Lamentieren, hin zu den nächsten Schritten zur Krisenbewältigung.

- Wie soll es weitergehen? – Kündigung als Neuanfang!
  - Abfindung?
  - Praktische Hilfe anbieten?

11

Fortsetzung: Trennungsgespräch führen

- Outplacement-Aktivitäten vorsehen?
- Sozialplan?
- Arbeitszeugnis wohlwollend formulieren?
- Resturlaub?
- Betriebliche Altersversorgung?
- Freistellung bis zum letzten Tag des Arbeitsverhältnisses unter Fortzahlung der Bezüge? Will oder muss der Mitarbeiter dieses Angebot annehmen, ist eine geordnete Übergabe der Aufgaben an verbleibende Kollegen zu organisieren.

■ Aushändigung des Kündigungsschreibens gegen Empfangsbekenntnis nicht vergessen. Weigert sich der Mitarbeiter zu unterschreiben, Zeugen hinzubitten und Vermerk über die Aushändigung des Kündigungsschreibens anfertigen, der vom Zeugen und vom Vorgesetzten zu unterschreiben ist. Evtl. per Einschreiben/Rückschein zusenden.

■ Versuchen, positive Gesprächsatmosphäre bis zum Gesprächsschluss zu erhalten, indem durchgehend positive Wertschätzung signalisiert wird. Gegebenenfalls dem Gekündigten anbieten, für den Rest des Tages nach Hause zu gehen.

Ziel: Sachliche Darstellung der Kündigung bei wertschätzendem Umgang mit dem Mitarbeiter, Empathie zeigen.

11

Literaturhinweise

Berkel, Karl: Konflikttraining. Konflikte verstehen, analysieren, bewältigen. Heidelberg, Sauer-Verlag

Faerber, Yvonne/Stöwe, Christian: Karrierefaktor Mitarbeiter führen. Freiburg i. Br./Planegg, Haufe

Fournies, Ferdinand F.: Warum Mitarbeiter nicht tun, was sie tun sollen. Regensburg, Walhalla Fachverlag

Jäger, Roland: Kompetent führen in Zeiten des Wandels. Weinheim/Basel, Beltz

Jetter, Frank/Skrotzki, Rainer: Führungskompetenz. Regensburg, Walhalla Fachverlag

Jetter, Frank/Skrotzki, Rainer: Soziale Kompetenz. Regensburg, Walhalla Fachverlag

Kratz, Hans-Jürgen: Ihre Antrittsrede als Chef. Regensburg, Walhalla Fachverlag

Kratz, Hans-Jürgen: 30 Minuten für effektives Delegieren. Offenbach, Gabal-Verlag

Kratz, Hans-Jürgen: 30 Minuten für konstruktives Kritisieren und Anerkennen. Offenbach, Gabal-Verlag

Kratz, Hans-Jürgen: 30 Minuten für zielorientierte Mitarbeitergespräche. Offenbach, Gabal-Verlag

Kratz, Hans-Jürgen: Stolpersteine in der Mitarbeiterführung. Offenbach, Gabal-Verlag

Mentzel, Wolfgang/Grotzfeld, Svenja/Dürr, Christine: Mitarbeitergespräche. Mitarbeiter motivieren, richtig beurteilen und effektiv einsetzen. Freiburg i. Br./Planegg, Haufe

Taffinder, Paul: Crashkurs Führung. Das Sechs-Stufen-Programm. Niedernhausen, Falken-Verlag

Zielke, Christian: Management Trainer. Freiburg i. Br./Planegg, Haufe

12

Stichwortverzeichnis

12

Stichwortverzeichnis

12